CIM入門

―建設生産システムの変革―

著者 矢吹 信喜

理工図書

はじめに

　2012年に国土交通省がCIM（Construction Information Modeling）の試行業務を開始した頃，何人もの方々から「CIMはうまく行くのですかね？」と質問された。その度に筆者は次のように答えた。

　紆余曲折はあるだろうが，CIMは大局的に見て失敗せず，将来，成功であったと評価されるだろう。なぜなら，第一に，機械分野では1970年代からCAD/CAM/CAEの統合化を既に成功させ，建築分野のBIM（Building Informationa Modeling）も始まっており，土木は最後尾である。第二に，歴史的に見て，もともと3次元的な絵で設計・施工を行っていたのが，19世紀に画法幾何学が生まれて2次元図面で仕事をするようになり，20世紀半ば過ぎに3次元CADが生まれて21世紀はCIMとなるのは，自然の流れであり，変な方向を向いていない。第三に，日本だけが行っているのではなく，欧米先進諸国でも実施しており，日本のCIMも世界の動向に近いからである。

　2012年から2014年くらいまでは，CIMと言っても知らない土木技術者が多かったが，2015年から知名度が上がってきたように感じられる。国土交通省が進めている試行業務と試行工事の件数が年々増えており，産官学が連携を取りながらCIMに関して，実務への適用，研究開発，海外の調査，広報活動等を精力的に行っていることが貢献しているのだろう。

　一方で，なぜCIMをやらなければならないのか，今の方法で十分だろう，という声も耳にする。その問に答えるためには，そもそもなぜ土木構造物を造るのか，と問うてみたい。

　古来，文明が始まった頃から人間は，道，橋，堤防，水路などを造って，人が往き来したり，洪水を防いだり，農業のために水を利用したりしてきている。やり方は違えども，目的は基本的には昔と変らず，人々や物品が安全かつ効率的に移動・運搬できるようにする，洪水や津波などの災害から人命や資産を守る，人々の生活を豊かにするために，農業，工業，商業等の各産業に資する資

源やエネルギー，情報を提供することであろう。大昔は，人々が自ら作業を行っていただろうが，日本では戦国時代あたりから，工事を請負う組織が生まれ始め，だんだんと現在のように税金の一部がインフラ造りに配分され，設計や施工を行う専門の業者が行うようになった。

　公的な税金あるいは高速道路・鉄道・電気・ガス等の公益事業の料金をもとに造るのであるから，社会インフラ整備は，その時代や地域の水準や基準に則って，良い物を安く，速く，安全に，周辺の住民や環境への影響を最小限にして，造らなくてはならない。我が国は，戦後の高度経済成長時代，2次元図面を用いて，発注者，建設コンサルタント，ゼネコンの3者関係により，当時，世界でも恐らく最高のパフォーマンスでインフラ整備を実施したと言って良いだろう。各種プレーヤが自分の領域で精一杯頑張れば全てうまく行った部分最適化の時代と言って良い。ところが，1990年のバブル崩壊後，品質，価格，工期，安全性，住民・環境などあらゆる面で問題が顕在化し，製造業と比較して労働生産性は半分になってしまった。その間，欧米先進諸国の建設産業では，同様な問題を抱えつつ，最先端の情報通信技術や新しい契約方式を含む建設マネジメントに関する研究開発を行い，実務に適用し始めていたのである。

　奇しくも，1990年は，東西の冷戦が終結した年であり，これにより，米国はインターネットやGPS（Global Positioning System）などの一般利用を制限していた軍事技術の多くを一般に開放し始めると共に，人・物・金の世界中の往き来を，一部を除いて自由にした。建設分野も新しい契約方式などを含め，協調・統合化の時代に移行し，全体最適化の時代を見据えるようになった。ところが，日本の建設産業は，国内では海外企業との競争にさらされることはないため，この米国による先端技術の解放とグローバリゼーション，そして全体最適化に乗り遅れてしまっていたのだ。これで,税金や料金を払っている国民に対して，良い物を安く，速く，安全に，周辺の影響を最小に造っていると言えるだろうか。我々土木技術者は，常に最新，最良で効率的な技術とマネジメント手法を追求し,説明責任を果たさなければならない。その答がCIMなのだと筆者は考える。

　CIMは，単に2次元CADが3次元CADに替わるだけなどというものではな

い。将来は土木構造物のライフサイクルや建設生産システム全体を改革する程のマグニチュードを持つものだと認識して頂きたい。その先には必ず，当初の目的を達成し，国民が納得し，技術者が幸せを感じる世界が開かれるはずである。

　本書は，CIMについて学びたい産官学の社会人や大学院生・大学生を主な対象として執筆した。何かを学ぼうとする時，表面的な知識を仕入れてわかったような気持ちになることがあるが，本当に理解しようとすれば，根本から学ぶことが重要である。筆者は特に歴史的な視点でどういう経緯で，そうした技術が発生したのかを解きほぐしていくことが大切だと感じている。そのため，本書でも，そうした歴史的な記述を随所に加えている。また，3次元モデリングやプロダクトモデルの章は，情報工学分野に属する内容であるため，土木技術者にとっては取っつきにくいかも知れないが，CIMの中核の主要部分だと判断し，少し詳細に記述した。これらの記述に慣れていない読者は多少，違和感を感じるかもしれないが，お付き合い願いたい。

　各章の冒頭に，章の概要とキーワードを記してみた。各章でおおよそどのようなことが書かれているかがわかり，水先案内人のような役割を演じていればと願う。

　本書が，多くの社会人や学生の役に立てば幸いである。

著者　　矢吹　信喜

目　次

はじめに

第1章　CIMとは　……………………………………　15
1.1　BIMとは　………………………………………　15
　1.1.1　BIMの背景　……………………………………　15
　1.1.2　BIMのねらい　…………………………………　18
　1.1.3　BIMによる意識改革　…………………………　20
1.2　CIMの開始　……………………………………　21
　1.2.1　CIMという言葉の誕生　………………………　21
　1.2.2　国土交通省のCIM開始　………………………　23
1.3　CIMの定義　……………………………………　23

第2章　建設分野を取り巻く課題　………………………　29
2.1　日本の建設分野　………………………………　29
　2.1.1　建設投資額と建設業者数　……………………　29
　2.1.2　高齢化と若年層の減少　………………………　29
　2.1.3　低い労働生産性　………………………………　31
　2.1.4　経年劣化する社会インフラ　…………………　31
　2.1.5　公共事業の発注方式　…………………………　32
2.2　土木分野の特徴　………………………………　33
　2.2.1　公的・重厚長大　………………………………　33
　2.2.2　単品現地生産・長期間　………………………　33
　2.2.3　分散　……………………………………………　34
　2.2.4　官主導・国内指向　……………………………　35
2.3　海外の建設分野　………………………………　36
　2.3.1　労働生産性の比較　……………………………　36
　2.3.2　企業規模と国際性　……………………………　37
　2.3.3　土木と建築の分類　……………………………　38

第3章　設計・施工と情報伝達の歴史　41

- 3.1　大昔の設計と施工　41
- 3.2　デカルト座標系　42
- 3.3　画法幾何学と青図　43
- 3.4　コンピュータとCAD　45
- 3.5　人同士から機械同士の情報伝達へ　47
- 3.6　歴史的考察　48

第4章　CIM利用の現状　51

- 4.1　2012年度CIMモデル事業　51
  - 4.1.1　試行業務について　51
  - 4.1.2　受注者の意見　53
  - 4.1.3　発注者の意見　53
- 4.2　2013年度CIMモデル事業　54
  - 4.2.1　試行業務　54
  - 4.2.2　試行工事　55
- 4.3　2014年度CIM試行事業　55
  - 4.3.1　試行業務　55
  - 4.3.2　試行工事　55
- 4.4　現状のCIMの効果と課題　56
  - 4.4.1　試行業務の取りまとめ結果　56
  - 4.4.2　試行工事の取りまとめ結果　57
- 4.5　CIMプロジェクトの紹介　58
  - 4.5.1　曽木の滝分水路事業　58
  - 4.5.2　近畿自動車道紀勢線の見草トンネル　59
  - 4.5.3　3つのダムプロジェクト　60
  - 4.5.4　横浜環状南線の栄インターチェンジ・ジャンクション（IC・JCT）（仮称）　60

第5章　3次元モデリングの基礎　63

- 5.1　立体のモデリング手法　63
  - 5.1.1　境界表現（B-Rep）　64
  - 5.1.2　スイープ表現　65

5.1.3　CSG（Constructive Solid Geometry） ················ 65
　　5.1.4　その他 ·· 65
　5.2　ソリッドモデルの留意事項 ································ 67
　　5.2.1　二多様体 ·· 67
　　5.2.2　その他の留意事項 ······································ 68
　5.3　レンダリングとアニメーション ···························· 70
　　5.3.1　レンダリング ·· 70
　　5.3.2　アニメーション ·· 70
　5.4　VRとAR ·· 71
　　5.4.1　バーチャル・リアリティ（VR） ···················· 71
　　5.4.2　オーグメンテッド・リアリティ（AR） ············ 72

第6章　プロダクトモデル ·· 73

　6.1　オブジェクト指向技術の誕生まで ························ 73
　6.2　オブジェクト指向技術とは ································ 75
　　6.2.1　クラスとインスタンス ·································· 75
　　6.2.2　属性 ·· 75
　　6.2.3　汎化 ·· 76
　　6.2.4　継承 ·· 77
　　6.2.5　集約 ·· 78
　　6.2.6　その他の関係 ·· 79
　6.3　プロダクトモデルとは ······································ 80
　6.4　国際標準ISOのSTEP ·· 81
　　6.4.1　ISO-STEPの概要 ·· 81
　　6.4.2　EXPRESS言語 ·· 81
　　6.4.3　EXPRESS-G ·· 84
　　6.4.4　インスタンスファイル ·································· 86
　6.5　buildingSMART International ································ 88
　　6.5.1　IAIについて ·· 88
　　6.5.2　buildingSMART International ···························· 89
　　6.5.3　bSIインフラ分科会 ······································ 90
　6.6　IFC（Industry Foundation Classes） ························ 90
　　6.6.1　IFCとは ·· 90

	6.6.2	IFCに関連する諸標準 ・・・・・・・・・・・・・・・・・・・・・・・・・・・・	92

第7章　測量とGIS ・・・・・・・・・・・・・・・・・・・・・・・・・・・・・・・・・・・・・・・ 95

- 7.1　GPSとGNSS ・・・・・・・・・・・・・・・・・・・・・・・・・・・・・・・・・・・・・・ 96
  - 7.1.1　GPS ・・ 96
  - 7.1.2　GNSS ・・ 97
  - 7.1.3　GPSの測位方法 ・・・・・・・・・・・・・・・・・・・・・・・・・・・・・・・・ 97
- 7.2　レーザ計測技術 ・・・・・・・・・・・・・・・・・・・・・・・・・・・・・・・・・・・・ 98
  - 7.2.1　レーザスキャナ ・・・・・・・・・・・・・・・・・・・・・・・・・・・・・・・・・ 98
  - 7.2.2　固定式地上レーザ計測 ・・・・・・・・・・・・・・・・・・・・・・・・・・・ 100
  - 7.2.3　MMS ・・ 101
  - 7.2.4　航空レーザ計測 ・・・・・・・・・・・・・・・・・・・・・・・・・・・・・・・・ 102
- 7.3　写真測量技術による点群データの生成 ・・・・・・・・・・・・・・・・・・ 103
- 7.4　水中の地形や物体の計測 ・・・・・・・・・・・・・・・・・・・・・・・・・・・・ 105
- 7.5　GIS ・・・ 106

第8章　地形と地層の3次元モデリング ・・・・・・・・・・・・・・・・・・・・・・・ 109

- 8.1　地形の3次元モデリング ・・・・・・・・・・・・・・・・・・・・・・・・・・・・ 109
  - 8.1.1　TIN ・・・ 109
  - 8.1.2　ボロノイ図とドロネー三角形 ・・・・・・・・・・・・・・・・・・・・・ 111
  - 8.1.3　TINへのテクスチャ・マッピング ・・・・・・・・・・・・・・・・・ 112
- 8.2　地層の3次元モデリング ・・・・・・・・・・・・・・・・・・・・・・・・・・・・ 114

第9章　道路等の線形構造物の計画と設計 ・・・・・・・・・・・・・・・・・・・・・ 117

- 9.1　道路の3次元設計ソフトウェアの概要 ・・・・・・・・・・・・・・・・・・ 117
  - 9.1.1　平面線形 ・・・・・・・・・・・・・・・・・・・・・・・・・・・・・・・・・・・・・ 117
  - 9.1.2　縦断線形 ・・・・・・・・・・・・・・・・・・・・・・・・・・・・・・・・・・・・・ 118
  - 9.1.3　横断面 ・・・・・・・・・・・・・・・・・・・・・・・・・・・・・・・・・・・・・・・ 119
  - 9.1.4　道路の3次元モデル ・・・・・・・・・・・・・・・・・・・・・・・・・・・・ 119
  - 9.1.5　土工量計算 ・・・・・・・・・・・・・・・・・・・・・・・・・・・・・・・・・・・ 121
- 9.2　LandXMLについて ・・・・・・・・・・・・・・・・・・・・・・・・・・・・・・・・ 122
  - 9.2.1　LandXMLの開発・利用の経緯 ・・・・・・・・・・・・・・・・・・・ 122
  - 9.2.2　LandXMLのスキーマ ・・・・・・・・・・・・・・・・・・・・・・・・・・ 124

9.2.3　LandXML の MVD ･････････････････････････････ 126
　9.3　IFC-Alignment 1.0 ････････････････････････････････････ 126

第10章　構造物の設計と CIM ･･････････････････････････････ 129
　10.1　構造物の設計 ･･････････････････････････････････････ 129
　10.2　製造業の CAE と BIM/CIM の違い ･･････････････････ 131
　10.3　LOD ･･ 132
　　10.3.1　CG における LOD ･･････････････････････････ 132
　　10.3.2　BIM における LOD ･････････････････････････ 133
　　10.3.3　CIM における LOD ･････････････････････････ 135
　10.4　パラメトリック・モデリングとライブラリ ･･････････ 137

第11章　施工と CIM ･･･････････････････････････････････････ 139
　11.1　情報化施工 ･･ 139
　　11.1.1　マシンガイダンス（MG）････････････････････ 140
　　11.1.2　マシンコントロール（MC）･･････････････････ 141
　　11.1.3　TS 出来形管理 ･･････････････････････････････ 141
　　11.1.4　締固めや強度等の品質管理技術 ･･････････････ 142
　11.2　情報化施工と CIM ････････････････････････････････ 143
　11.3　4D モデルと EVMS ･･････････････････････････････ 143
　　11.3.1　4D モデル ･････････････････････････････････ 143
　　11.3.2　EVMS ････････････････････････････････････ 146
　11.4　IC タグと CIM ････････････････････････････････････ 147
　　11.4.1　IC タグ ･･･････････････････････････････････ 147
　　11.4.2　IC タグの建設分野への応用 ･････････････････ 148
　11.5　施工時におけるデータの蓄積と保存 ････････････････ 149

第12章　維持管理と CIM ･･････････････････････････････････ 151
　12.1　BIM の COBie ････････････････････････････････････ 151
　12.2　土木構造物の維持管理の重要性 ････････････････････ 153
　12.3　センシング ･･ 154
　12.4　国土基盤モデル ････････････････････････････････････ 155

第13章　土木プロジェクトマネジメント　157

- 13.1　公共土木工事の発注方式の概略史　157
- 13.2　設計・施工分離発注と設計・施工一括発注　159
  - 13.2.1　両者の比較　159
  - 13.2.2　DB方式とCIM　160
- 13.3　多様な入札契約方式　161
  - 13.3.1　米国と日本の状況　161
  - 13.3.2　CM方式　162
  - 13.3.3　契約方式　162
- 13.4　IPD（Integrated Project Delivery）　164
  - 13.4.1　IPDとは　164
  - 13.4.2　土木におけるIPD　166

第14章　先進諸国の取組み　169

- 14.1　米国におけるCIM技術調査2013　169
  - 14.1.1　概要　169
  - 14.1.2　ニューヨークWTC再開発事業　169
  - 14.1.3　ニューヨーク市建築工事におけるBIM活用事例　171
  - 14.1.4　建設コンサルタント会社との意見情報交換　172
  - 14.1.5　イリノイ大学アーバナ・シャンペーン校での調査成果　173
  - 14.1.6　スタンフォード大学での調査結果　174
  - 14.1.7　米国のCIM技術調査団のまとめ　177
- 14.2　欧州におけるCIM技術調査団2014　178
  - 14.2.1　概要　178
  - 14.2.2　フランス　178
  - 14.2.3　英国政府のBIM戦略　179
  - 14.2.4　BREとBIMレベルチャート　181
  - 14.2.5　ICE（Institutions of Civil Engineers：英国土木学会）　184
  - 14.2.6　HS2（High Speed Two Limited：英国高速鉄道株式会社）　185
  - 14.2.7　ドイツ・ルール大学ボーフム　186
  - 14.2.8　ドイツ・ホッホティーフ　188

第15章　CIM技術者の育成とCIMの将来像 ･･････････････････････ 191

　15.1　CIM技術者の育成 ････････････････････････････････････ 191

　　15.1.1　プログラム・マネジャとCIM技術者 ･･････････････････ 191

　　15.1.2　管理職・経営層とCIM ････････････････････････････ 192

　15.2　CIMの将来像 ･･････････････････････････････････････ 193

おわりに ･･ 195

索引 ･･･ 197-201

第1章 CIMとは

本章では，CIMの前に，まずBIMについて，その背景とねらい，さらにBIMによってどういう意識改革が起きつつあるかを記す。次に，CIMという言葉のバリエーション，国土交通省の開始したCIMについて触れ，CIMの定義を記す。

Keywords
BIM，ウォーターフォール・モデル，フロントローディング，CIMの定義

1.1 BIMとは

2004年頃からBIMという言葉が盛んに建築の方で聞かれるようになった。BIMはBuilding Information Modelingの略であり，米国ジョージア工科大学のチャック・イーストマン（Chuck Eastman）教授が最初に使ったと言われている[1]。BIMは，図−1.1に示すように，中心にある程度標準化された3次元のプロダクトモデルがあり，それを様々なソフトウェア群がデータを一元的に共有・活用しながら統合的に設計・施工・維持管理を進めていくという新しい仕事の方法である。ここでいう3次元のプロダクトモデルとは，単なる3次元CADデータではなく，オブジェクト指向技術に基づいて，各部材や各部品がオブジェクトデータとして貯蔵され，各オブジェクトには各種属性情報が付与されるものである。属性情報には，部屋の名称や仕上げ，材料・部材の仕様・性能，コスト等多様な情報が含まれる。

1.1.1 BIMの背景

ここで，もう少し時代を遡ってBIMの背景から説明する。1970年代頃から，

第1章　CIMとは

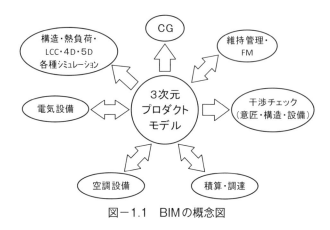

図－1.1　BIMの概念図

　ビルディングの設計や施工において，図面作成，構造設計，静的・動的構造解析，熱流体解析，景観評価，積算，工程計画などを目的に，コンピュータが積極的に利用されるようになった。しかし，当時のコンピュータプログラムは，もとになるデータモデルが各プログラムや開発会社ごとに異なるため，あるプログラムで実行するために作成した入力データや計算した出力データを，他のプログラムに直接，入力データとして利用することができず，ユーザが再度，作成し直す必要があった。このようにコンピュータによる自動化がプログラムの内部だけで行われ，プログラム間のデータの流れが自動化されない状況を「自動化の島（islands of automation）」問題という（図－1.2）。1980年代にこの問題をプロダクトモデルによって解決しようという研究が開始された。BIMという言葉はそうした努力の結果，生まれたものであり，たった3つの単語で内容をよく表していることから，瞬く間に広まったのである。

　「自動化の島」問題を解決するためには，関連する複数のアプリケーションプログラム間でデータの交換や共有ができるようにする必要がある。その方法は2つある。図－1.3に示すように，一つは，各ソフトウェア間で互いにデータを変換できる「コンバータ」（converter）と呼ばれるプログラムを作成する方法であり，もう一つは，標準化されたプロダクトモデルと各プログラムとの間のコンバータを作成する方法である。前者は1対1の直接コンバータ法，後

者はプロダクトモデルを介する間接コンバータ法と呼ばれる。前者は，確実に各ペア間のデータ交換はできるようになるだろうが，n 個のプログラムに対して，必要なコンバータは $n(n-1)/2$ 個必要となり，n が大きくなれば，莫大な個数のコンバータを開発しなければならなくなり，非現実的である。一方，後者は，プロダクトモデルの標準化を達成するためには時間と労力が必要であるが，n 個のプログラムに対して，コンバータは n 個だけ作成すれば良く，ソフト会社の負担が小さく，現実的なアプローチと言える。

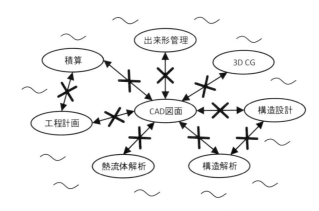

図−1.2　「自動化の島」問題

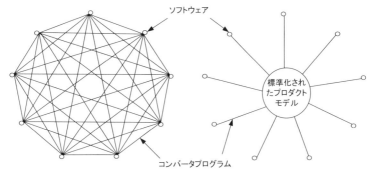

図−1.3　直接コンバータ法とプロダクトモデルを介した間接コンバータ法

BIMでは3次元モデルデータを使用することから，3次元的な可視化，各部材の体積や面積などの数量計算や，部材同士の干渉チェックが自動的にできるのは当然である。さらに，3次元に時間軸を加えた4次元モデルによって，施工順序の検討や建設コストと出来高の比較などを行うことが可能である。なお，BIMのMはModelingとなっているが，モデルを作ることがBIMなのではなく，建築ライフサイクルを統合化する新しい建設生産システムの方法を意味する。また，「BIMモデル」という言葉もよく耳にするが，本来はBIMのMはModelingの略なので，その後にmodelが来るのはおかしい。しかし，BIMという言葉が単なるモデリングではないという意識で使っていると解釈すれば，それ程目くじらを立てることではないと思われる。

1.1.2 BIMのねらい

通常，建築の設計は，建築家が意匠設計，その後に構造技術者が構造設計，設備技術者が設備設計，そして施工業者が生産設計というプロセスで順番に進んでいく。従来のこのような方法は滝が水を落ちるように，順番に仕事をするため，ウォーターフォール・モデル（waterfall model）と言われる（図−1.4の上）。この方法では，下流工程で，上流工程のミスが見つかった時に，水を下から上に持ち上げるのが大変なのと同様，上流工程に差し戻してやり直すということが難しい。そのため，結局そのミスがそのまま下流まで行ってしまい，無理やり下流工程で調整を強いられることが多い。米国では，施工段階で設計段階でのミスが発見されると，RFI（Request for Information）と呼ばれる質問書が施工会社から発注者へ提出され，RFIが何通も提出されると工事がストップし，訴訟にまで進むこともある。また，上流工程から下流工程に渡される情報は，原則として契約書に記載されている文書，図面，あるいはそれらのデータのみであり，設計者や技術者の意図や考慮した事項，選択肢があった場合の選択の理由，その他各種データなどは，下流工程に伝わらず，捨てられるか，倉庫に死蔵される。さらに，下流工程の技術者が上流工程の設計者に対して言いたいこと，例えば提案や改善事項などがあっても言う機会がない。

一方，BIMでは，同時進行的に全員がお互いにデータを共有し，やり取りし

1.1 BIMとは

ながら協調的に進めていく。そのため,まず時間が短くなるというメリットがある。次に,従来方法でいう上流工程の設計にミスがあった場合は,すぐに他の技術者から指摘ができ,修正も即座にできる。そもそも,3次元モデルで設計すれば,2次元の図面よりはるかにミスが発見しやすい。さらに,上流工程の設計者の意図や選択理由などを下流工程の技術者は聞くことができ,下流工程の技術者は上流工程の設計者や技術者に提案ができるため,より良い設計につながる。設計,施工段階のデータを蓄積し,構造物が完成した時には,それまでの全てのデータを引き継ぐことができ,維持管理において,事故や不具合が発生したときに,原因解明や処置方法の検討に役立つ。

そのため,BIMではまず仕事が効率化でき,ミスが減り,コストが削減でき,より良い設計ができるようになり,施工しやすいということが期待されているのである(図-1.4)。

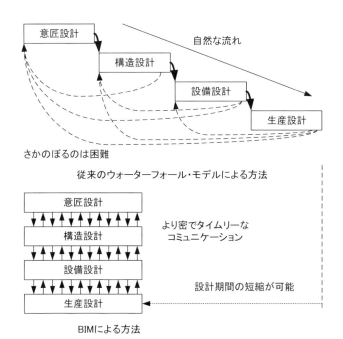

図-1.4 ウォーターフォール・モデルとBIMによる方法の比較

19

BIMのもう一つのねらいは「フロントローディング」である。図-1.5のグラフは横軸が時間軸で,縦軸が業務量あるいは効果を示すが,右肩上がりの曲線は設計変更をどの段階で行うと,それによってどれだけ建設コストが増えるかを示す。下流側になればなるほど,その増分が大きくなることがわかる。逆に右肩下がりの曲線は,設計変更によって建設コストと,構造物の機能への効果がどれだけあるかを示す。初期の段階だと,いろいろな選択肢があるため,変更を行えば非常にその効果が大きい。下流工程になるに従い,効果が小さくなる。

現状の設計にかかる業務量は,右側の山形の曲線で表される。これを前倒しにすることを,フロントローディング(front loading)という。フロントローディングすることによって,まず設計変更の効果が大きくなり,一方,建設コストの増分が減るという,2つの効果があると言われている。

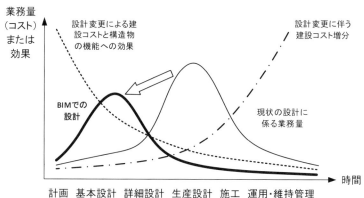

図-1.5　BIMのねらい（フロントローディング）

1.1.3　BIMによる意識改革

BIMは,設計と施工の根本的な考え方を変えつつある。従来は,建築物を設計や施工する際,施工費を最小化することが最も重要で,維持管理やビルの操業コストは微々たるものだという認識だった。しかし,エネルギー価格の高騰

や，LCC（Life Cycle Cost：ライフサイクルコスト）への目覚め，工期短縮による事業そのものの開始の前倒しの必要性，建物の更新に伴う建設廃棄物の環境への影響などが背景となり，施工費を最小化することよりもLCCの最適化，つまり部分的に最適化するのではなく，全体を最適化していく必要があるという意識に変わりつつある。

　このような背景から，多少建設費が高くても，断熱材の増量，窓ガラスの二重化，サッシ材料の改善等を積極的に進めるようになりつつある。また，構造物のコンクリートは，場所打ちで行った方がコンクリートのボリュームを減らすことができることから，通常は施工費が安くなる。しかし，BIMでは，工期，環境，メンテナンスなどを考慮し，プレキャスト・コンクリートを採用する方が良いという意識に変わりつつある。BIMを使えば，こうした比較検討が格段に短時間でできることも背景にある。

　BIMは，日本でも2008年頃から建築業界で徐々に機運が盛り上がり始め，2010年3月，国土交通省官庁営繕部は，2010年度の官庁営繕事業の対象事案に対してBIMを用いた設計を試行することを明らかにし，実際に複数の国の建築物の設計と施工にBIMを適用させた。さらに，2014年3月に国交省は「官庁営繕事業におけるBIMモデルの作成及び利用に関するガイドライン」（略称「BIMガイドライン」）[2]を発行した。

1.2　CIMの開始

1.2.1　CIMという言葉の誕生

　2012年4月，国土交通省の当時の技監（後に事務次官）である佐藤直良氏が，一般財団法人 日本建設情報総合センター（以下，JACIC）のセミナーで「CIMのススメ―建設生産システムのイノベーションに向けて」というタイトルで講演をされた。CIM（Construction Information Modeling）という言葉が，日本で初めて公に発表されたのがこの時であった。CIMという言葉は，実は情報工学や機械工学の分野ではComputer Integrated Manufacturingの略であり，もう既

に30年以上使われているため，他の分野で使う際には注意を要する用語である。なお，佐藤氏は，2013年11月の第1回土木建築情報学国際会議（ICCBEI 2013）の基調講演では，CIMに「I」を一つ加え，MをManagementに変えて，CIIM（Civil Infrastructure Information Management）という用語と概念を披露された[3]。

また，日本では，CIMのMは，Modelingだけではなく，Managementを含むということから，Construction Information Modeling/Managementの略とする人々もいる。

2014年6月下旬に米国フロリダ州オーランドで開催された第15回ICCCBE（International Conference on Computing in Civil and Building Engineering）[4]という国際会議で，今までBIM for Infrastructure，つまり社会インフラのためのBIM，あるいはInfrastructure BIMと呼ばれていたものをCIM（スィム）と呼ぶアメリカ人が何人かいた。ただし，Civil Infrastructure Modelingの略であるとのことであった。また，香港にはCivil Information ModelingがCIMの略だとする人々もいる。インターネットでCIMを検索したところ，2011年に発行された「Machine Control」[5]という米国の雑誌では，Marco Cecalaという技術者・経営者がCivil Integrated Managementの略としてCIMを提案していることがわかった。その記事には，FHWA（Federal Highway Administration：連邦道路管理局）が中心となって，AASHTO（American Association of State Highway and Transportation Officials：米国全州道路交通運輸行政協会），ARTBA（American Roads and Transportation Builders Association：米国道路交通建設者協会），AGC（Associated General Contractors of America：米国総合請負業者協会）の協力のもとCIMを推進しよう，ということが記載されていた。

いずれにしても，こうした造語は，流行り廃りがあり，どれが将来まで残るかどうかは不明であるが，土木分野のBIMを意味する言葉としては世界的にCIMが定着し，それが何の略かは，国や地域によって異なるが，日本ではConstruction Information Modelingだということでほぼ定着したようである。

1.2.2　国土交通省のCIM開始

　国交省ではCIMのパイロットプロジェクト（試行業務）を2012年度に開始し，まず11件の詳細設計のプロジェクトで通常の2次元CADの図面の他に，3次元モデルも作成し，どのように利用できるかを検討した。同時に，国交省が中心となり「CIM制度検討会」を，JACICが中心となり「CIM技術検討会」を組織化し，検討を開始した。試行業務では，関係者にアンケートも行い，CIM利用による改善点と問題点を確認した。翌2013年度は詳細設計だけではなく，もう少し上流の計画的な基本設計を含めた13件の設計業務と，下流側の47件の施工の試行プロジェクトが行われた。2012年度から国が中心となって開催するCIM制度検討会と民間が中心となって開催するCIM技術検討会が年に数回ずつ開催され，特にCIM技術検討会では毎年度，報告書が作成されており，電子版の報告書はJACICのホームページからダウンロードすることができる[6)-8)]。

　このようにCIMについては様々な取組みがなされているが，現状では市販の3次元のCADを使い，可視化や干渉チェック，数量計算等ができるということに留まっている。建築のBIMの方で行っているような，例えばプロダクトモデルでデータを皆で共有するところまでは，まだ進んでいない。建築の方では標準化されたプロダクトモデルが存在するが，まだ土木の方では存在しないということが一つの妨げになっている。

1.3　CIMの定義

　CIMは，前節で記したように，最近できた造語であり，学術的に確立された用語ではない。しかし，日本の土木分野では，欧米でよく使われている「(Civil) Infrastructure BIM」や「BIM for (Civil) Infrastructure」とほぼ同様な意味合いで，広く使われていることから，何らかの定義をし，共通の概念を関係者で共有することは意義があることだと考える。

　国土交通省では，2012年度，CIMを次のように定義している[6)]。

第1章　CIMとは

「CIMとは，調査・設計段階から三次元モデルを導入し，施工，維持管理の各段階での三次元モデルに連携・発展させることにより，設計段階での様々な検討を可能とするとともに，一連の建設生産システムの効率化を図るものである。三次元モデルは，各段階で追加，充実化され維持管理段階での効率的な活用を図る」

一方，2012年度と2013年度のCIM技術検討会の報告書[6) 7)]では，CIMの理念を以下のように記している。

「公共事業の計画から調査・設計，施工，維持管理，更新に至る一連の過程において，ICTを駆使して，設計・施工・協議・維持管理等に係る各情報の一元化および業務改善によるいっそうの効果・効率向上を図り，公共事業の安全，品質確保や環境性能の向上，トータルコストの縮減を目的とする。

一連の過程を一体的に捉え，関連情報の統合・融合により，その全体を改善し，新しい建設管理システムを構築するとともに，建設産業に従事する技術者のモチベーション，充実感の向上に資することも期待する」

さらに，2013年度のCIM技術検討会の報告書「CIM 2014」[8)]では，CIMを以下のように定義している。

「CIMは，Construction Information Modelingの略称であり，建設構造物に各種の情報を追加したモデルを作成し効率化を目指す取り組みである。最近では，単なるモデル化だけでなく，こうした技術を用いたマネジメント（Construction Information Management）として捉えられることも多い」

ここで，同報告書では，CIMを活用することにより，①コスト縮減，工期短縮による効率的な社会資本整備，②ストック型社会への転換，③環境に配慮した社会資本整備に対応することを目指すと記している。さらに，構造物のライフサイクルを限られた資源で実施，管理するためには，業務フロー，執行体制の見直しと，これを実現するためのデータ作成，可視化，データ蓄積技術の確立が不可欠だと述べている。

筆者は，CIMを以下のように考えている。

「3次元の形状情報と属性情報を持つ標準化されたプロダクトモデルを，社

1.3 CIMの定義

会インフラの計画，設計，施工，維持管理，更新（撤去）のライフサイクルを通じて，発注者，設計者，施工者，下請け業者，市民，各種団体が，必要に応じて情報アクセスの制限は加えるものの，基本的には皆でインターネット上で共有する。各プレーヤが，時には共同作業を伴いながら，自分達のソフトウェアで同時進行的に行った作業成果をプロダクトモデルに加えていき，プロジェクトに関する会議室での，あるいはインターネットによる遠隔会議でのプレゼンテーションと意見情報交換を通じて，新しいアイデアを出し合う。これにより計画・設計・施工でのミスや無駄を減らし，プロジェクトのLCCの縮減，設計・施工の工期短縮，環境に配慮した，より良い社会インフラを建設し，供用する新しい仕事の方法である」

ただ，現状のCIMは，当然のことながら，ここまで達してはおらず，今後，10年から20年くらいの先進諸国の努力によって，いずれ実現する将来像だといえる。図-1.6は，プロダクトモデルをライフサイクルを通じて共有しながら進めていく様子を示している。図-1.7は，その過程を時系列的に模式化したもので，中心の構造物のデータモデル（プロダクトモデル）の大きさが，徐々に大きくなっていく様子を表しており，各プロセスにおいて，主担当だけでなく全プレーヤが程度の差はあれ，関与していることに注目されたい。

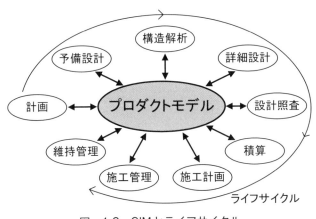

図-1.6　CIMとライフサイクル

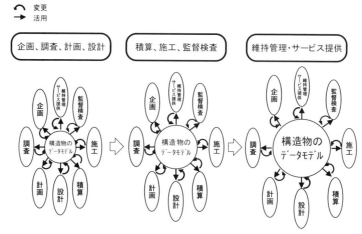

図-1.7　プロダクトモデルのデータを共有し，進化していく様子

参考文献

1） Chuck Eastman, Paul Teicholz, Rafael Sacks, Kathleen Liston: BIM Handbook, A Guide to Building Information Modeling for Owners, Managers, Designers, Engineers, and Contractors, Second Edition, John Wiley & Sons, 2011.

2） 国土交通省大臣官房官庁営繕部整備課施設評価室：官庁営繕事業におけるBIMモデルの作成及び利用に関するガイドライン」(BIMガイドライン)，2014.

3） Naoyoshi Sato: Construction Information Modeling, Proceedings of the First International Conference on Civil and Building Engineering Informatics, Nobuyoshi Yabuki and Koji Makanae (Eds.), Nov. 7-8, Tokyo, Japan, p.3, 2013.

4） Proceedings of the 15th International Conference on Computing in Civil and Building Engineering, June 23-25, Orlando, FL, USA, 2014.

5） Marco Cecala: The Profitable Implementation of CIM, Civil Integrated Management, Machine Control, Vol. 1, No. 1, pp.41-43, 2011.

6） CIM技術検討会：CIM技術検討会平成24年度報告，2013.

http://www.cals.jacic.or.jp/CIM/study/pdf/h24/CIM_Report130430.pdf
7） CIM技術検討会：CIM技術検討会平成25年度報告，2014.
   http://www.cals.jacic.or.jp/CIM/study/pdf/h25/H25report_0519.pdf
8） CIM技術検討会：CIM技術検討会平成26年度報告，2015.
   http://www.cals.jacic.or.jp/CIM/study/pdf/h26/h26report_0522.pdf

第2章　建設分野を取り巻く課題

> 本章では，まず，日本の建設分野が直面している種々の課題について概説し，次に，土木分野が有する特徴を特に製造業と比較して論じ，最後に，海外の建設分野の状況を日本と比較しながら紹介する。

Keywords
担い手不足，労働生産性，発注方式，土木，建築，国際性

2.1　日本の建設分野

2.1.1　建設投資額と建設業者数

　日本の民間と政府を合わせた建設投資額がピークだったのは1992年度で，その額は約84兆円であった。その後，著しく減少し，2010年度に約41兆円と半分以下まで落ち込んだが，その後，増加に転じ，2013年度は，約50兆円とピーク時の40％減となっている。建設業者数は，2012年度末で約47万業者で，1999年度末のピーク時の約60万業者から約22％減である。建設業就業者数は，2013年平均で499万人で，1997年平均のピーク時の685万人から約27％減となっている（図 − 2.1）[1]。

2.1.2　高齢化と若年層の減少

　建設業就業者の年齢別内訳をみると（図 − 2.2），2013年，55歳以上が約34％，29歳以下が約10％と高齢化が進行しており，1997年でそれぞれ，24％，22％であったことからも進行の度合いが急激であり，他の産業と比較しても突出していることから，深刻な課題といえる。特に，いわゆる担い手が不足し，

第2章　建設分野を取り巻く課題

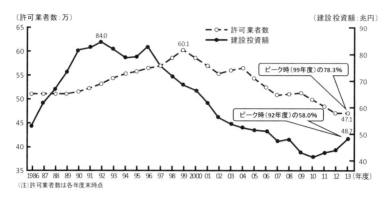

図−2.1　建設投資額と建設業者数の推移[1]

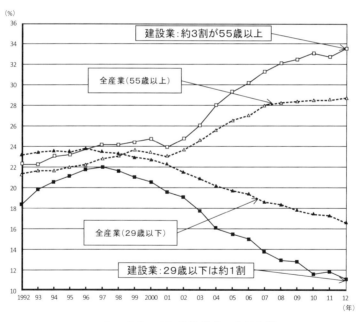

図−2.2　建設業就業者の高齢化[2]

次世代への技術継承がうまくできず，今後の建設産業の行く末が懸念されている。

2.1 日本の建設分野

2.1.3 低い労働生産性

労働生産性の推移に目を転じてみる。ここでいう労働生産性とは，実質粗不可価値額を就業者数と年間総労働時間数で割った値である。図-2.3[1]に示すように，建設業は，1990年に3,531円／（人・時間）であったのが，2012年には2,518円／（人・時間）と約3割減となっているのに対し，製造業は，2,583円／（人・時間）から5,259円／（人・時間）と約2倍になっている。2012年で比較すると，建設業の労働生産性は，製造業の半分しかないということがわかる。

2.1.4 経年劣化する社会インフラ

2012年12月2日，山梨県大月市笹子町の中央自動車道上り線笹子トンネルで天井板（コンクリート板）が約130mの区間にわたって落下し，9名が死亡，2名が負傷した。以前から，専門家の間では社会インフラの経年劣化が話題になっていたが，この事故は社会的にも大きなショックを与え，社会インフラの点検，維持管理への関心が高まっている。

高度経済成長時代に建設された大量の社会インフラが2025年頃から更新期を迎え始めることから，多額の維持管理費と更新費が増加していき，このままでは将来，現状の公共建設投資額を超えてしまうというのではないかという懸念もある。日本の財政は厳しい状況であることから，構造物の耐用年数を超えて

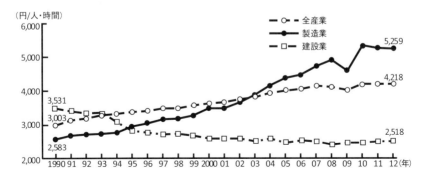

図-2.3　建設業と他の産業の労働生産性の推移[1]

の長寿命化への取組みを行う一方，過疎地域において利用頻度が低い構造物については供用停止や撤去についても議論されるようになっている。

2.1.5 公共事業の発注方式

　日本の公共事業の発注方式は，根本的に昔から変わっておらず，原則は競争入札であり，最も低い入札金額の施工業者が落札する。しかし，発注者は入札前に予定価格を算定しておき，施工業者の入札金額が予定価格よりも全て高ければ，「不落」となり，予定価格以下になるまで入札を繰り返すことになる。また，予定価格が低そうな工事では，どの施工業者も入札に参加しない「不調」となることがある。2011年3月11日の東日本大震災以降，不調・不落が増加し，問題となっている。

　一方，以前は，発注者が発注工事の難易度や企業の規模や技術力から適切と考える10社程の施工業者を選んで入札を行う「指名競争入札」が一般的であったが，談合の温床のもとだという指摘から，指名をしない「一般競争入札」が通常，採用されるようになった。しかし，そのため，十分な技術力や資金力がない企業が低価格入札（ダンピング）によって落札するようになり，施工中の事故の頻発，手抜き工事，品質の低下を招くようになった。特に，品質低下は深刻であり，施工費が多少安くても，品質が低い構造物は，その後の劣化が酷く，結局多額の維持管理費がかかるだけでなく，事故につながるなどの問題を抱える。

　そこで，国は，2014年6月に公共工事の品質確保の促進に関する法律（品確法）を中心に，密接に関連する公共工事の入札及び契約の適正化の促進に関する法律（入契法）と建設業法も一体として改正を実施した。これにより，将来にわたる公共事業の品質確保とその中期的な担い手の確保，ダンピングの防止等の基本理念が追加されると共に，これを実現するために，発注者の責務を明確化し，事業の特性等に応じて選択できる多様な入札契約方式の導入や活用を位置付け，行き過ぎた価格競争を是正することが期待されている。これについては，第13章で再度触れる。

2.2 土木分野の特徴

土木分野は，どの国にとってもなくてはならない重要な産業分野の一つであるが，製造業と比べると同じものづくりの産業であるにもかかわらず，相当な違いがある。本節では，土木分野の特徴について触れる。

2.2.1 公的・重厚長大

まず，他の分野と大きく異なるのは，土木構造物は公的なものであり，特定の個人や企業が独占的に利用して利益を得るようなものではなく，大勢の人々が日常，無料あるいは安い使用料で利用することである。通常，土木構造物は大規模で非常に重く，自ら移動したり，移動させたりすることはほとんどない。従って，土地と密接なつながりがあり，既に地域のマスタープラン等があれば確認と交渉が必要になったり，私有地に構造物を作る際には，買取り，立ち退きや使用許可が必要であり，その交渉や契約に長期間を要する場合が多い。構造物の価格は極めて高価であり，1兆円を超えるような構造物もある。

土木構造物を計画，設計，施工，維持管理していく上では，関係する人々や企業，団体等が非常に多く，特に，近隣の住民，利用する市民，地方自治体，政治家，環境保護団体などのステークホルダ達との間の合意形成は極めて重要で，これに失敗すると，プロジェクトそのものが頓挫したり，長期化する可能性がある。そこで，説明会やパブリックコメント募集など様々な取組みがなされている。

2.2.2 単品現地生産・長期間

土木構造物は基本的に単品生産であり，現場生産であることも特徴的である。構造物を造る場所の条件は，相手が自然であることから，一つとして同じものはなく，プロジェクトごとに設計条件を定めながら設計していく。特に，地盤状況は，ボーリングや調査トンネルなどを施工しながら調査する必要があり，多額の費用がかかる。従って，設計段階で完全に地盤状況を把握してから施工

することは事実上不可能であり，実際は，ある程度の調査で大凡の設計を行い，後は施工段階で変化に応じて設計変更しながら工事を進めることが多い．製造業では，一旦設計をしたら，後は大量生産を行うため，生産前に厳密な設計が必要であり，土木分野とは大きく異なる．

　土木構造物のライフサイクルは，計画・調査，設計，施工，維持管理と進むが，その期間は，極めて長く，計画が始まってから工事が完成するまで短くても数年，長ければ数十年かかる．また，構造物の耐用年数は数十年であり，実際は，補修しながら，耐用年数を超えて利用することが多い．その長い年月の間には，予想しえないような天変地異や事件が起こることがある．

2.2.3　分散

　製造業では，原材料や部品等の調達以外は，設計から製造まで一社で統合的に管理しながら生産するため，生産コスト，人員配置，工程などの生産プロセスの全体最適化を実現することができる．一方，土木構造物の場合は，大きなプロジェクトを複数の小さな工区に分割し，発注者である官公庁等が計画，測量，地質調査，基本設計，環境影響調査，詳細設計，施工，点検，維持補修等，数多くの独立し分断された業務を，単年度予算で，毎回入札で決まった業者（そのため，異なる業者になることがある）に発注している．特に，設計と施工を分離して発注することが公共工事の場合は当然となっており，設計と施工の間で情報が分断されている．そのため，業務と業務をつなぐことができるのは発注者だけで，受注者同士は業務が異なれば連携できず，プロジェクト全体をライフサイクルを通じて一貫して統合的に管理することは極めて困難である．また，各業務を受注する業者は，多層多重構造になっており，下請け，孫請け，曾孫受け，玄孫受けと業務は細かく分断されていく．このように，製造業の統合（integration）に対して，土木事業は分散（fragmentation）という言葉でうまく表現できる（図−2.4）．

　このように，土木構造物の生産プロセスは，分散しているため，調査によって得られた情報や設計データ，計測データなどの大半は共有されず，数年すれ

ば逸散してしまう運命となっている。また，設計を行う建設コンサルタントや施工を行う請負業者でも，納入品のコピーや重要文書を除けば，ほとんどの書類，データは，いずれ捨てられるというのが現状である。一方，製造業では，設計，製造過程で生まれた書類やデータは貴重なノウハウを有するものであるから，厳重に保管していることが多い。

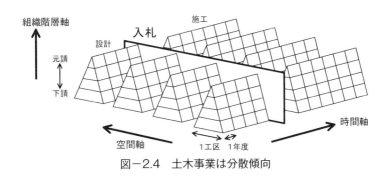

図－2.4　土木事業は分散傾向

2.2.4　官主導・国内指向

　製造業では，製品に対する責任は生産者にある。購入者が通常の利用をしている限り，事故や不具合があった場合，購入者に責任がある，などということになることはまずあり得ない。一方，土木構造物の場合，発注者である官公庁等には土木技術者がいて，プロジェクトを上記のように細かく分けて業者に発注しているものの，基本的には自分たちで技術的にも立案，管理していることになっている。従って，業者の落ち度や手抜きといったことが明らかでなければ，責任は発注者（すなわち購入者）が負うことになる。そうしたこともあって，発注者の方が受注者より上の立場にあるように感じている人が多く，受注者は下の立場なのだからという「甘え」を持っていることも散見される。

　日本の製造業は，特に冷戦終結後のグローバリゼーションによって，海外企業との熾烈な競争を余儀なくされているが，土木建築の建設業は，日本語以外の外国語は通じず，地縁や人の縁に基づく永続的な企業関係を好む日本に，海外企業が入り込むことは極めて困難であるため，国内においては国内企業間の

みの競争となっている。一方，海外での国内企業の売上高は，次節で示すように，欧米諸国と比べて低い。

2.3 海外の建設分野

2.3.1 労働生産性の比較

　海外においても建設業の労働生産性が製造業と比べて低い状態であることが，以前から指摘されている。例えば，米国では，スタンフォード大学のCIFE（Center for Integrated Facility Engineering：総合化施設工学センター）の調査によれば，図-2.5に示すように，1964年における建設業と製造業の労働生産性を1.000とすると，建設業はほとんど変らないのに対し，製造業は年々増加し，2009年には2倍の2.000を超えているのである[3]。この理由として，製造業は一度設計すれば工場において大量生産できるのに対し，建設業はプロジェクトごとに設計が異なり，建設現場で単品生産しなければならないことが挙げられる。さらに，製造業では，マーケティングから設計と製造が一体化し，部品メーカとの間でも各種情報が電子化され，スムーズにやり取りされているのに対し，建設業では，分散化・多重階層化した業者間で，電話やFAXといった旧態依然とした情報のやり取りがなされていることも課題であった。最近は電子メールを用いているが，基本的に，直接オペレーションが可能なファイルのやり取りをしなければ，FAXと効率はそれ程違わない。

　米国のNIST（National Institute of Standards and Technology：米国国立標準技術研究所）が2004年に発表した調査によれば，分散化し階層化した多くの業者が，2次元の図面を用いて，共通のデータ仕様に基づく3次元のモデルデータのやり取りができないことによる建設業における損失は，米国だけで，年間158億ドル（約1兆8千億円）になるということである[4]。

　こうしたことが背景となって，米国では2004年頃から，BIMを本格的に採用しようという動きが始まったと考えられている。イーストマン教授がBIMという言葉を使い始めたのは，NISTの調査結果が公表された2004年と同じ年で

2.3 海外の建設分野

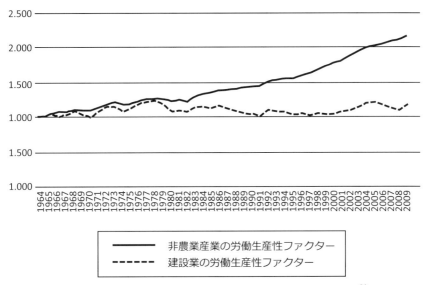

図-2.5　米国の建設業と製造業における労働生産性の変化[3]

あることは興味深い。

2.3.2　企業規模と国際性

　一方，建設分野の企業に目を転ずると，欧米先進諸国は，既に相当な社会インフラが揃っていることもあり，特に大手企業は，国外への進出が盛んである。2012年における国外売上高の比率は，欧州の大手11社は62.1％，米国の大手2社は78.0％となっており，国内より国外の方が多いのである。一方，日本は，大手4社でも同年13.5％と，圧倒的に国内が多い[1]。

　これは，日本と外国との間で設計や施工に関する仕事のやり方が大きく異なるため，日本国内で育った技術者がすぐに海外で役立つわけではなく，契約や発注者との関係などを勉強し直さなくてはならないことにも由来すると考えられる。

2.3.3 土木と建築の分類

　日本では土木と建築は対象とする構造物の種類により明確に分かれている。すなわち，道路，鉄道，橋梁，トンネル，河川，港湾などの社会基盤施設が土木分野で，ビルディングや家屋は建築分野となっている。しかし，欧米に目を転ずると，実はCivil EngineeringとArchitectureは日本の土木と建築とは相当に分け方が異なるということに気付く。図−2.6に示すように，構造物の種類にかかわらず，構造，水理，土質，材料，施工，環境，設備といった，サイエンスの内，主に力学（熱力学を含めて）に立脚している学問分野がCivil Engineeringであり，意匠設計や景観といった美学や感覚といった職人的な教育を行うのがArchitectureである。従って，Civil Engineeringの方がより広い範囲をカバーしているため，大体どこの大学にもCivil Engineeringの学科はあるが，Architectureは数多く学科を作ってしまったら，学生が余って就職先がなくなるので少ない。また，Architectureの学科は工学部の中にはなく，建築学部として独立しているか美術系や生活系の学部に属していることが多い。また，通常の4年教育ではなく，5年教育を課していることがある。

　筆者は昔，米国のスタンフォード大学のCivil Engineering学科で構造工学の授業を受けた時，ビルディングの構造と基礎に関することばかりだったので大いに面食らったが，欧米では当然ということだった。

　従って，BIMというのは，欧米の場合，Architectureを学んだ建築設計者とCivil Engineeringを学んだ構造・地盤，設備，生産，施工技術者が，フロントローディング（設計の前倒し）によって，同じ土俵でプロジェクトを進めようとする相当に果敢なチャレンジをしているとも見ることができる。一方，日本の建築分野は意匠設計者も，構造・地盤，設備，生産，施工技術者も建築を同じ学科で一緒に学んだ「仲間」がBIMをやっているという見方もできるのである。

　日本では土木と建築の区分は極めて強く，構造や土質などはほとんど同じようなことを扱っているのに，会社や役所では縦割りになっている。学の世界でも，多少はクロスオーバーがあっても，土木で使う，死荷重，活荷重，照査などの用語は建築では使っておらず，それぞれ，固定荷重，積載荷重，検定と呼

2.3 海外の建設分野

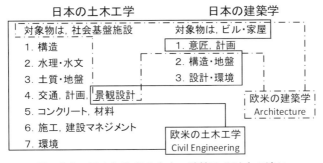

図-2.6 日本と欧米の土木・建築の分け方の違い

んでいる。従って，BIMからCIMへの水平展開は，日本の方が欧米よりもハードルが高く，より多くの努力を要するかも知れない。

参考文献
1) 一般社団法人日本建設業連合会：建設業ハンドブック2014, 2015.
2) 山下眞治：国土交通省におけるCIMの取り組み，建設マネジメント技術，2015年6月号, pp.7-10, 2015.
3) Chuck Eastman, Paul Teicholz, Rafael Sacks, Kathleen Liston: BIM Handbook, A Guide to Building Information Modeling for Owners, Managers, Designers, Engineers, and Contractors, Second Edition, John Wiley & Sons, 2011.
4) M. P. Gallaher, A. C. O'Connor, J. John, L. Dettbarn, and L. T. Gilday: Cost Analysis of Inadequate Interoperability in the U.S. Capital Facilities Industry. Gaithersburg, MD, National Institute of Standards and Technology, U.S. Department of Commerce Technology Administration, 2004.

第3章　設計・施工と情報伝達の歴史

> 設計という行為は，発注者や利用者のニーズを満足させ，安全で，経済的で，建設可能で，耐久性もあり，住民や環境への影響が少ない構造物の形状や材料，強度，数量，仕様等を決めることである。その決定プロセスについては第9章で触れるが，本章では，設計した内容，すなわち設計者の意図を発注者や施工者，あるいは関係する人々にどのようにして伝達するかという情報伝達手段に関して歴史を振り返りつつ，考察する。

Keywords

歴史，デカルト座標系，画法幾何学，図学，青図，コンピュータ，CAD，M2M，部分最適化，全体最適化

3.1　大昔の設計と施工

　大昔は，一体どのようにして建物や橋などの構造物を設計し，施工していたのであろう。

　奈良県明日香村にある飛鳥寺は，6世紀末に建てられた日本最古の本格的仏教寺院であるが，建立に当たっては百済から金堂の模型が日本へ献上され，技術者が数名から百名（人数については諸説あり）派遣されたという記録が残っている。また，奈良の東大寺正倉院には日本最古の図面が保管されているが，東大寺の講堂や僧房，食堂などの平面レイアウトを麻の布に描いたもので，我々が現在思っているような図面とは異なる[1]。

　西洋においても，現在のような図面が描かれるようになったのはつい200年程前であり，それまでは，正面や側面から見た図絵，平面レイアウトの図，平行投影法で3次元的に描かれた図絵で設計され，しばしば模型を作って確かめ

ながら設計・施工されたという。設計者は頻繁に現場を訪れ，陣頭指揮しながら施工したと考えられている。また，石工などの技能者は，石切りの方法や施工のための詳細な図絵の描き方は秘伝とし，弟子以外には教えなかったと言われている。なお，透視図法による絵の描き方を確立したのは，レオナルド・ダ・ヴィンチ（Leonardo da Vinci）（1452-1519）だとされている[1]。

このように，大昔は，設計者や技術者は現在のような正確な図面に基づいて設計や施工を行ったのではなく，3次元的なイメージを頭の中に持ち，その一部を紙や布の上に描いて，イメージを何とか共有化しようとしたが，とても詳細なところは伝わらないため，模型を作ったり，現場で現物を見ながら指示を出したり，話し合ったのだと推察されている。

3.2 デカルト座標系

現在，我々は2本の直線の交点や円弧と放物線の接点などの座標値を正確に計算することは，容易にできる（図-3.1）。こうした計算が大昔からできたと思っている読者が多いかも知れない。しかし，今当たり前のように使っている座標系に至る平面上の座標の概念を確立したのは，フランスの哲学者・数学者であるルネ・デカルト（René Descartes）（1596-1650）であり，17世紀前半なのである。彼は，「方法序説」[2]の補遺の一つである「幾何学」[3]の中で図形と数式の関係を明らかにした。直交座標系のことを欧米では「デカルト座標系」（Cartesian coordinate system）と呼ぶ。Cartesianとは「デカルトの」というラテン語Cartesiusを英語に訳したものである。日本でも以前はそう呼んでいたが，なぜか最近は単純に直交座標系と呼んでいる。発明者に対する尊敬の念が足りないと筆者は思う。

直交座標系の発明は，それまで全く別の学問で接点がなかった代数学とユークリッド幾何学を融合したわけで，数学において非常に大きなインパクト（影響力）があった。直線，円，放物線，円柱，円錐，球体などの2次元，3次元の図形を数式で表すことができ，それらの交点や接点などを代数学的に求める

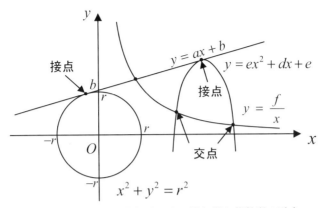

図-3.1 デカルト座標系による幾何学と代数学の融合

ことができるようになったのである。デカルト座標系の発明がなければ，その後のニュートンとライプニッツによって発明された微積分，すなわち解析学はなかったであろう。ただ，その後，幾何学が解析学の従のような立場になってしまったため，図形を図形のまま学問的に扱うことがなおざりになってしまった。

3.3 画法幾何学と青図

　図形を図形のまま扱うことに再挑戦したのが，フランスの数学者・物理学者のガスパール・モンジュ（Gaspard Monge）(1746-1818) である。デカルトから150年経っていた。彼は，3次元の図形（立体）を2次元の紙の上にどうしたら数学的に正確に描けるかを考え，画法幾何学を1795年に創始した。彼のおかげで，設計者などの頭の中にある3次元的な機械や構造物のイメージを，他人に間違いなく伝達できる製図という手法が確立していったのである（図-3.2）[4]。ちょうど，18世紀末から19世紀初めは英国から始まった産業革命の真只中であり，設計した機械や構造物を速く正確に作るためには欠かせぬ技術となった。

第3章　設計・施工と情報伝達の歴史

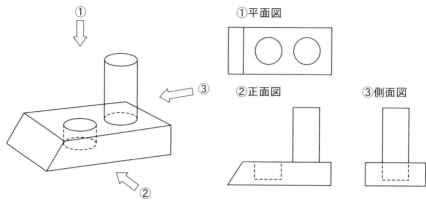

図−3.2　画法幾何学による第三角法

　ただ，画法幾何学によって製図はできるようになったが，多くの図面を安く印刷する方法がなかった。大きな紙に図面を印刷するためには非常にお金がかかったため，19世紀は大きな図面をコピーできず，原図のみか，手で書き写す必要があった。この問題を解決したのが，英国のサー・ジョン・ハーシェル（Sir John Herschel）（1792-1871）である。彼は，天王星を発見したウィリアム・ハーシェル（William Herschel）の息子である。彼は，1842年に青図（ブループリント）と呼ばれる青写真技術を発明し，19世紀後半から20世紀初め頃から非常に大きな図面を安く大量にコピーできるようになった。そのおかげで，設計者と製造者あるいは施工者は分離できるようになったわけである。これによって，設計者と製造者あるいは施工者は，それぞれ専門化していき，自分の領域の中で，最適化を目指す部分最適化の時代へと移ることになる。また，技術者は3次元の物体イメージを2次元の図面に正確に描くことと2次元の図面から3次元の物体イメージを頭の中に正確に描く技術を習得しなくてはならなくなった。このため機械，建築，土木などの工学教育においては，図学と製図に相当な時間を費やす必要が生まれた。

3.4 コンピュータとCAD

　1942年,米国では「世界最初の」コンピュータ,ABCが開発された[5]。ただし,ABCは動作が不安定で実際の計算には使用されなかった。1943年に米国で次のコンピュータ,コロッサスが開発されたが,これは軍事目的の暗号解読の専用機で,プログラムを組むことはできず,戦後も長く公表されなかった。1946年に開発されたENIAC（エニアク）[6]は,プログラム可能なコンピュータであり,公表もされたため,多くの人々は「世界最初の」コンピュータだと思っている。一方,ドイツでは,コンラート・ツーゼ（Konrad Zuse）（1910-1995）によって「世界最初の」コンピュータ,Zuse Z3（電気機械式計算機）が1941年に開発されたと主張する人もいる。どれが本当の世界最初のコンピュータなのかははっきりしていない。しかし,純電子式計算機としては,ENIACが世界最初のコンピュータと言われており[7],以上の経緯から妥当なことかと思われる。

　いずれにしても,世界最初のコンピュータが開発されてわずか約20年後の1963年,MITで博士論文の研究としてアイヴァン・サザーランド（Ivan Sutherland）（1938-　）が,世界初の対話型図形処理システムであるCAD「Sketchpad」を発明した[8]。Sketchpadは,ブラウン管のディスプレイ上にマルチビューウィンドウがあり,平面,正面,側面,平行投影図を表示でき,ライトペンで画面をタッチすることによって,図形の入力,編集,削除,回転などができる画期的なものであった。彼は,その後,まだ液晶画面がなかった1960年代半ばにヘッド・マウンテッド・ディスプレイを発明するという驚くべき才能を発揮した。彼は,その功績からCGの父（the Father of Computer Graphics）と呼ばれている。

　CADは,1960年代後半から70年代にかけて,航空機や自動車産業等の機械設計分野に瞬く間に広がった。最初のうちは,2次元で図面を描くことに利用されていたが,すぐに3次元CADが利用され始めた。作成した機械などの3次元モデルを有限要素解析のためのメッシュデータに変換したり,腕のような

機械がどのように動くかを検討する機構解析などに利用するCAE（Computer Aided Engineering）が始まった。さらに，工場で3次元モデルから金型を自動的に作ったり，鋼板を自動的に切断するCAM（Computer Aided Manufacturing）が開始し，CAD, CAM, CAEの3つを合わせたものをCIM（Computer Integrated Manufacturing）と呼ぶようになった。すでに30年以上の歴史があり，機械工学分野では，3次元で設計，製造することは当然となっている。また，一旦は分離した設計と製造であるが，その後，各技術者の専門は残しつつ，組織的にはCADやコンピュータ技術によって，統合化を目指すことになった。これは，部分最適化が進んでも，全体としての効率やパフォーマンスが悪くては仕方がない，全体最適化を目指す必要性が生じたからである。

　2010年頃から，3次元CADやCGデータをもとに立体を造形する3Dプリンタが流行しており，益々3次元化に拍車がかかっている。

　時代を一旦遡って，1960年代後半にCADが産業界で利用され始めると，欧米先進国では数多くの会社がCADシステムを開発し，販売し始めた。異なる会社のCADシステムで作成された図面ファイルや3次元CGデータは互換性がなかった。当時，NASA（National Aeronautics and Space Administration：米航空宇宙局）はロケットや関連設備の設計を複数の外部の会社に委託していた。そのため，互換性のない異なるフォーマットのCADデータが納品されたため，数多くのCADシステムを用意しなければならず困った。そこで，NASAはCADシステム会社らに対して，適当な対価を払うから，CADデータの標準的なフォーマットの仕様（スペック）を作るよう要請した。これによって1970年代にできたのが，IGES（Initial Graphics Exchange Specification）である。IGESは「アイジェス」と読む。IGESは，2次元CAD図面のみならず3次元CADやCGデータの図形と文字の交換標準を包含しており，IGESに対応するCADシステム間であれば，データをスムーズに交換することができるようになった[9]。

　2次元CAD図面ファイルや3次元CADあるいはCGデータが，IGESによって異なるCADシステム間で交換できるようになると，BIMやCIMが実現してしまったかのように思われがちだが，実際，2次元CAD図面や単なる3次元

CADデータ（オブジェクト指向に基づくプロダクトモデルデータでないもの）が交換できても，大した効果は望めない．それは，コンピュータが部材や部品を認識し，それらの属性や相互の関係などを理解しているように振る舞うことができないからである．製造業のCIMは，設計，解析，製造というライフサイクルを通じて，プロダクトモデルのデータを共有しながら仕事を進めるから，非常に大きな効率化が図れるのである．

3.5 人同士から機械同士の情報伝達へ

米国では1960年代から，国防のために堅牢（robust）で冗長（redundant）なネットワークに関する研究が始まり，複数の遠隔にあるコンピュータを接続する実験が開始された．その後，このネットワークは，ARPAnet, NSFnet等の名称を経て，Internetと呼ばれるようになり，冷戦終結後は，全世界で商業利用も許可され，爆発的に世界に広まった[1]．

また，無線通信技術が格段の進歩を遂げると同時に，MEMS（Micro Electro Mechanical Systems）の出現により，センサ類を搭載したコンピュータが非常に小型化し，いろいろなモノに備え付けられるようになってきている．これらの小型デバイスは，世の中の至る所にあって，互いに情報を無線通信でやり取りしながら，知的な振る舞いをするようになりつつある．このような環境をユビキタス・コンピューティング（ubiquitous computing）あるいは米国ではpervasive computingと呼ぶ．また，モノにインターネットの機能が付いていることから，IoT（Internet of Things）という言葉が頻繁に使用されるようになった．

従来は，情報の伝達と言えば，人から人へ，ということが中心であった．1980年代頃から，人とコンピュータのインタフェースを扱うHMC（Human-Machine Communication）という言葉が使われ始め，最近では，機械と機械あるいはコンピュータとコンピュータとの間のコミュニケーションを意味するM2M（Machine to Machine）という言葉が頻繁に使われるようになった．この

ように情報伝達の主役は人間から機械へとだんだんと移行してきていると考えられる。

3.6 歴史的考察

以上の技術の歴史を振り返ると、大昔は、2次元の図絵を多少利用しながらも、基本的には3次元の物体を3次元として頭の中でイメージし、それを3次元である模型で補強しながら、設計し、製造あるいは施工していたことがわかる。それが、19世紀になって、画法幾何学によって3次元を2次元の紙の上に正確に製図できるようになって、2次元図面が基本となり、大量コピーもできるようになった。しかし、20世紀末から21世紀になると、3次元CADによって3次元に戻っていることがわかる。ただし、頭の中の3次元ではなく、コンピュータの中の3次元であることが大昔とは大きく異なる。

さらに、こうした技術の変遷の中で、設計と製造・施工のあり方も変わってきている。大昔は、設計者と製造・施工者が一体か別であっても非常に近いところで仕事をしていた。19世紀、20世紀になると、製図と青図によって情報の伝達が正確かつ安価にできるようになったことから設計者と製造・施工者は完全に分離できるようになった。部分最適化の時代である。それが、21世紀には

表-3.1 設計・施工における次元と分担の推移

時代	大昔	19世紀・20世紀	21世紀
次元	3次元 (ただし、頭の中)	2次元	3次元 (コンピュータ)
メディア	絵、模型	図面(製図)	3D CAD, 3Dプリンタ
コミュニケーションの主体	人対人	人対人, 人対機械	機械対機械 (M2M)
設計・施工の分担	一体または 非常に近い	別々, 部分最適化	協調, 全体最適化

設計者と製造・施工者は再び近いところで，協調して仕事をすることがベターだという認識が広まりつつあるわけである。今は全体最適化の時代に移っているということである（表-3.1）。

　BIMやCIMを学び，実践していく上で，こうした歴史観を持つことは，自分の立ち位置や技術の位置付けを理解することができるため，極めて重要である。また，次の技術や仕事の進め方のトレンドを予測することにも役立つはずである。

参考文献

1）澤木昌典，矢吹信喜，福田知弘，池道彦，下田吉之，惣田訓，松村暢彦，柴田祐，青野正二，上甫木昭春，久隆浩，吉村英祐，宮崎ひろ志：はじめての環境デザイン学，理工図書，2011.
2）デカルト著，野田又夫訳：方法序説・情念論，中公文庫，1974.
3）ルネ・デカルト著，原亨吉訳：幾何学，ちくま学芸文庫，筑摩書房，2013.
4）須藤利一：図学概論（増補），東京大学出版会，1961.
5）飯島淳一：入門情報システム学，日科技連，2005.
6）星仰，伊藤陽介，笹田修司：情報処理，森北出版，2000.
7）坂村健：「ユビキタス社会」がやってきた，NHK人間講座（2004年2月〜3月），2004.
8）James D. Foley, Andries van Dam, Steven K. Feiner, John F. Hughes: Computer Graphics: Principles and Practice, Second Edition, Addison Wesley, 1990.
9）Chuck Eastman, Paul Teicholz, Rafael Sacks, Kathleen Liston: BIM Handbook, A Guide to Building Information Modeling for Owners, Managers, Designers, Engineers, and Contractors, Second Edition, John Wiley & Sons, 2011.

第4章　CIM利用の現状

> 　国土交通省では，2012年度と2013年度は「CIMモデル事業」，2014年度は「CIM試行事業」と称して，CIMを試行的に設計や施工に適用し，関係者にアンケートを取り，効果と課題を年度ごとに整理してきた。2014年度から2015年度は，産学官CIM検討会で5つの異なるタイプのプロジェクトにCIMを適用させて，課題の抽出と解決を行っている。本章では，各年度のCIMモデル事業およびCIM試行事業について記し，現状のCIMのメリットと課題について述べる。

Keywords

CIMモデル事業，CIM試行業務，CIM試行工事，効果，課題

4.1　2012年度CIMモデル事業

4.1.1　試行業務について

　国土交通省の各地方整備局と北海道開発局では，2012年度に詳細設計を既に実施中のプロジェクトから1件ないし3件選択し，3次元モデルをCADで作成しながら種々の検討を行うCIMモデル事業（試行業務）を合計11件実施した。表-4.1に2012年度の試行業務の一覧を示す[1]。

　2012年度は初めてCIM試行業務を行ったこともあってか，3次元モデルが一見作りやすそうに見える橋梁，橋脚，橋台が6件と多く，道路が2件，トンネル，調整池，軟弱地盤の盛土管理が1件ずつであった。試行業務においては，国土交通省，CIM技術検討会などが現場の事務所，業務を受注した建設コンサルタント会社などからヒアリングを実施した。ヒアリングでは，業務計画概要書に

第4章 CIM利用の現状

表-4.1 2012年度CIMモデル事業（試行業務）一覧[1]

地整	業務名	設計業務内容	試行対象業務内容	試行区分	業務期間
北海道	一般国道40号 天塩町天塩防災 道路詳細設計業務	道路詳細設計 L=9.6km	道路詳細設計 L=1.3km	一般　モデル	H25.2
東北	小佐野高架橋 橋梁詳細設計業務	橋梁詳細設計4橋 橋梁下部工設計1式 基礎工1式	Dランプ橋 L=120m	一般　モデル	H25.3
関東	H23IC・JCT 本線第一橋梁 詳細設計業務	鋼6径間連続非合成 少数鈑桁橋 L=216.55m 橋台1基、橋脚6基	橋梁下部工1基	一般　モデル	H25.3
関東<追加>	24F八王子南バイパス （1工区）構造検討他	交差部検討修正設計1式 調整池詳細設計2箇所	調整池2箇所	一般　モデル	H25.3
関東<追加>	H24中部横断道 入之沢川橋詳細設計	鋼4径間連続細幅箱桁橋 L=259m 橋台2基、橋脚3基	橋脚1基	一般　モデル	H25.3
北陸	能越自動車道 中波2号跨道橋 詳細修正設計他業務	PC方杖ラーメン橋2橋 工事用道路設計 L=1.3km　仮橋設計4橋	PC方杖ラーメン橋1橋 （L=73m）	先導　モデル	H25.3
中部	H24155号 豊田南BP横山地区 道路詳細設計業務	道路詳細設計 L=1.21km他箱型函渠： W9.5*H5.5：2箇所 重力 式擁壁：H4.2〜0.5：7箇 所補強土壁：H7.7〜0.5： 6箇所	道路詳細設計 L=0.14km 箱型函渠：W9.5*H5.5： 1箇所	先導　モデル	H25.3
近畿	国道161号安曇川地区 橋梁修正設計業務	ポータルラーメン橋 修正設計 L=14.6m 他修正設計2橋	ポータルラーメン橋 修正設計 L=14.6m	一般　モデル	H25.3
中国	H24安芸バイパス八本松 IC橋詳細設計業務	鋼単純合成箱桁橋： 1橋L=50.5m橋台2基 鋼単純合成鈑桁橋： 1橋L=38.0m橋台2基	橋台2基 （鋼単純合成鈑桁橋）	一般　モデル	H25.3
四国	平成24年度立江櫛渕 軟弱地盤対策検討業務	軟弱地盤解析1式 対策工法詳細設計1式	軟弱地盤の盛土管理	一般　モデル	H25.3
九州	福岡201号 筑豊香尾トンネル （下り線） 詳細設計業務	トンネル詳細設計 L=1.5km	トンネル詳細設計 L=1.5km	一般　モデル	H25.5

基づき，業務の進捗状況，試行の対象範囲，使用ソフトウェアなどの利用環境，検証内容に関する質疑を実施した。CIMの試行効果と課題を受注者と発注者で取りまとめた結果の概要を次項に記す[1]。

4.1 2012年度CIMモデル事業

4.1.2 受注者の意見

受注者からの試行業務に関する効果と課題は以下の通りである。

(1) 打合せにおいて，3次元的な可視化により，相互理解が図られ，設計意図・条件確認が効率化され，アイデア発想が短時間で可能となった。ただし，配筋モデルは一部では非効率的となる。PC等のハードウェアのスペック不足があった。

(2) 情報共有については，共有化による作業の効率化が図れ，協議や社内での打合せに使用した。一方，資機材への投資に負担がかかる，ソフトウェア間のデータ変換システムが必要といった課題も挙げられた。

(3) モデル作成においては，可視化により取合いの位置，座標チェックなどの作業が効率化され，特に不整合箇所が瞬時に判明し効果的であった。しかし，ソフトウェア間のデータ授受が非効率的であった。

(4) 構造物設計においては，鉄筋などの干渉が自動的にチェックができて効率的である。一方，鉄筋長が個々に異なる場合は非効率であり，データが重くなると費用対効果が望めない場合がある。

(5) 数量計算は，自動的に算出でき，相当な効率化が可能であり，精度面の問題はない。課題としては，算出根拠が確認できないことが挙げられた。

(6) 作図については，3次元モデルから自動的に図面が作成可能であり，設計ミスの防止に効果がある。ただし，寸法線の追加に手間がかかる。

(7) 仮設・施工計画策定においては，受発注者間における設計・施工条件の相互確認を行う上で有効であった。ただし，作業量と効果が見合わないという指摘があった。

4.1.3 発注者の意見

発注者からの効果に関する主な意見は以下の通りである。

(1) 計画説明会等での活用が見込める。
(2) 可変する切土量などの数量算出が容易で正確である。
(3) 過密配筋状態が事前に可視化され，現場での工程管理に効果的と考えられる。

(4) コンクリート数量などは自動で数量算出が可能であり、計算ミスがない。
(5) 工事の施工手順の把握が容易である。

一方、課題として以下のような意見が出された。
(1) 埋め戻し土量や加工が必要な鉄筋の数量算出は課題がある。
(2) 職場の環境整備が必要である。
(3) 配筋モデルには膨大な作業時間が必要である。
(4) 現状では予算・時間的に負担が大きい。データ入力、図化等は簡素化できる方法の検討が必要。
(5) 誰でも使えるようにする必要がある。
(6) 3次元モデルデータの流通や共有化を実現するためには、発注者の役割が重要で、マネジメントできる技術者を確保する必要がある。

4.2　2013年度CIMモデル事業

2013年度は、設計の試行業務だけでなく、施工にもCIMを適用させる試行工事へと拡大させた。以下、各々について概説する[2]。

4.2.1　試行業務

2013年度は、試行業務においては、詳細設計だけでなく、上流側の予備設計、概略設計もCIMで実施する案件を加え、合計19件実施した。

これら19件の試行業務から、国土交通省とCIM技術検討会は、上流工程での取組みや効果検証の深化を着眼点として6件を選定し、中間ヒアリングを2014年2月に実施した。

試行業務も2年目に入ったことから、効果が明らかな可視化による景観検討や協議での利用、干渉チェック、数量計算の自動化などで効果が大きかったようである。道路設計においては、概略設計、予備設計（A・B）、詳細設計があるが、地形データの作成方法や測量成果の利用によっては、概略設計と予備設計Aは一括りにできる可能性があるという意見が、複数の建設コンサルタント

から出された。

　一方，CIM導入に伴う社内研修やハード・ソフトの導入，レーザスキャナ測量の外注など費用面で負担が大きいという意見があった。また，データの互換性がないため，構造解析のためには再度モデルを作成する必要がある，3次元モデルから2次元図面への適切な変換に時間と労力がかかる，不必要な精度まで追求してモデル化してしまう，といった課題も聞かれた。

4.2.2　試行工事

　2013年度では，初めてCIM試行工事が始まり，地方整備局が指定してCIMを利用する「指定」と請負業者からの希望によってCIMを実施する「希望型」に試行が区分された。指定は6件，希望型は15件で，合計21件の試行工事が実施された。これらの工事は年度末に発注されたものが多く，また次年度に延長するものがほとんどであったことから，2013年度はヒアリングは行われなかった。

4.3　2014年度CIM試行事業

4.3.1　試行業務

　2014年度は，15件の試行業務が実施された。ただし，これらの内5件は2013年度からの延期が含まれていることから，2014年度の新規件数は10件である。

　2014年度のアンケートは2012年度~2014年度に実施したプロジェクトを対象として行なわれた。その結果は次節に記す。

4.3.2　試行工事

　2014年度は，試行工事の件数が大幅に増え，指定が13件，詳細設計付き工事が1件，希望型が35件の合計49件が実施された。ただし，この中には前年度からの延長工事が含まれており，新規件数は，指定が7件，詳細設計付き工事が1件，希望型が20件の合計28件であった。

4.4 現状のCIMの効果と課題

4.4.1 試行業務の取りまとめ結果

2012年度～2014年度に実施した試行業務40件のうち38件の受注者に対して，国土交通書がアンケート調査を実施した結果，185件の意見項目が集計された。そのうち，効果を認める意見が93件，課題を残す意見が92件と，ほぼ半分半分となった。効果を認める意見の内訳を表-4.2に示す。また，課題を残す意見を表-4.3に示す[3]。

効果については，その約半分が可視化による品質向上，効率化等で，20%が可視化による協議打合せの円滑性向上等となっており，可視化による効果が非常に大きいことがわかる。次いで，干渉チェックの自動化，数量の自動算出，共有化と続いている。

課題については，機器・ソフトの課題が約3割と一番多く，次いで，3次元モデルを作成する作業量が多く，モデルの精度を上げると膨大になるといった課題が約2割，人材の不足，そのための教育にかかるコストと時間に関するものが16%と続いた。

表-4.2 効果を認める意見の内訳

意 見 項 目	件 数
可視化による品質向上、効率化等	44
可視化による協議打合せの円滑性向上等	19
可視化による干渉チェックの自動化	12
数量の自動算出による効率化	7
共有化	5
その他	6
合　　　計	93

4.4 現状のCIMの効果と課題

表-4.3 課題を残す意見の内訳

課 題 項 目	件 数
人材教育・コストの課題	15
機器・ソフトの課題	27
作業量の課題	17
属性情報の課題	5
自動算出の課題	4
測量・計測	9
その他	15
合　　計	92

4.4.2 試行工事の取りまとめ結果

　2013年度～2014年度の試行工事49件のうち34件の受注者に対して国土交通省がアンケート調査を実施した結果，84件の意見項目が集計された。そのうち，効果を認める意見が67件（77％）で，課題を残す意見が17件（23％）であった。効果を認める意見の内訳を表-4.4に示す。また，課題を残す意見を表-4.5に示す。

　効果については，可視化，干渉チェックによる施工の手戻り削減が約3分の1を占め，次いで，安全教育・安全管理の向上・効率化および施工管理・品質管理の効率化が各々約2割となり，関係者協議の効率化および現場内での施工計画共有等による効率化が約1割ずつ，となっている。情報化施工との連携についての回答はなかった。

　一方，課題については，2次元と変わらず，あまり効率化に結びつかない，が課題の約半分を占め，大量のデータ入力に対応できない等のソフトの課題が約3割，モデルの作成に要する時間や労力に関する課題が約2割であった。

表-4.4 効果を認める意見の内訳

意 見 項 目	件 数
可視化、干渉チェックによる施工の手戻り削減	23
安全教育・安全管理の向上、効率化	14
施工管理、品質管理の効率化	12
関係者協議の効率化	7
現場内での施工計画共有等による効率化	6
設計照査の効率化	3
数量算出、設計変更等の効率化	2
合　　　　計	67

表-4.5 課題を残す意見の内訳

課 題 項 目	件 数
あまり効率化に結び付かない（2次元と変わらない等）	9
ソフトへの課題（データ入力、容量等）	5
モデル作成の課題（手間、時間がかかる等）	3
合　　　　計	17

4.5　CIMプロジェクトの紹介

4.5.1　曽木の滝分水路事業

　2006年7月に鹿児島県川内川流域で記録的な豪雨が発生し，10月に直轄河川激甚災害対策特別緊急事業（激特事業）に採択され，その一環として分水路整備事業が計画された。分水路は，高さ12m，幅210mを誇る景勝「曽木の滝」の公園地にあるため，2007年から「激特事業に景観を」をキーワードに，3次元

4.5 CIMプロジェクトの紹介

CADモデル，粘土や断面などによる物理モデルを作成し，修正を加え，これをWeb上で産官学で共有し，月に1回のペースで一同に会して議論を重ねながら，事業が進められた。これにより，コンクリートで直線的な水路を造るのではなく，水理学上の問題点をクリアし，景観的にも専門家や市民なども満足する出来栄えとなり，2012年に完成した。なお，曽木の滝分水路は，2012年度のグッドデザイン・サステナブルデザイン賞を受賞している。

　この事業は，2012年のCIM開始の頃から，CIMの先駆的事業として土木学会土木情報学委員会の「CIMに関する講演会」などで紹介されている[4]。

4.5.2　近畿自動車道紀勢線の見草トンネル

　和歌山県に位置する近畿自動車道紀勢線見草トンネルは，株式会社大林組によって施工され，2015年3月に竣工した。同社では，トンネルの3次元モデルを作成し，そのモデルのエレメントや位置に，施工時の各種計測データや切羽の写真，工事写真等を紐付けして整理し，DVDに焼いて，発注者である国土交通省近畿地方整備局紀南河川国道事務所に納品した。ただし，納品が仕様書に記載されていたわけではなく，同社の自主的な納品であった。

　このデータを用いることにより，切羽の写真を3次元的に並べて表示することや，それに地層の3次元モデルを重ね合わせて表示することができ，さらに変位データを透視図的に表示することもできる。ボーリング・データやコア写真，工事写真，支保パターン図なども3次元モデルに紐付けされているため，モデルからクリックすることにより容易に表示できる。発注者のパソコンでは表示に時間がかかりすぎることを考慮して，スプレッドシート（EXCEL）にもこれらのデータをリンクさせ，閲覧できるようにしてある[5]。

　こうしたデータの作成や納品が今すぐどこのゼネコンでもできるかと言えばそうではないだろうが，将来，維持管理で劣化や事故などの原因を追及する上で，施工時のデータが必ずや必要となり，容易にデータにアクセスできるようにすることが今後のCIMの課題であることから，この納品は重要なインパクトがあると考えられる。

4.5.3　3つのダムプロジェクト

　鹿児島県にある川内川の鶴田ダムは，1965年に竣工したコンクリート重力式ダムであるが，近年の豪雨による被害を重く見て，下流右岸部の減勢工の増設工事を2012年から実施している（2016年竣工予定）。地滑り部を有する下流右岸法面の地質状況の3次元モデルを作成し，減勢工構造物の施工段階図（4Dモデル）と合わせ，施工機械や工事用道路の動線確保に活用した。洪水吐コンクリートの品質管理データと3次元モデルをリンクさせた。この工事は複数の分割された工事で構成されているため，関係業者とデータの共有化を行うことでトラブルを防ぎ，発注者や関係機関との意思疎通，意思決定が迅速に行うことができた[3]。

　北海道の夕張川の夕張シューパロダムは，既設の大夕張ダムの直下流に建設されたコンクリート重力式ダムで2015年に竣工した。この工事では，複数の地質情報（断面図，柱状図，地質スケッチ）の3次元地質モデルを作成し，グラウト管理装置から，オンラインで3次元ルジオンマップを作成し，観測計器測定データのをリアルタイムでその履歴と共に表示すると共に，任意断面や地層部における施工情報を抽出できるようにした。これにより発注者等との迅速な合意形成ができ，湛水中および維持管理の施工データ確認に効果を発揮する[3]。

　岩手県の北上川水系胆沢川の胆沢ダムは，1953年に完成した石淵ダムの約2km下流に建設された堤高127.0mのロックフィルダムで2013年に竣工した。CIMは維持管理段階から開始し，主に点検データをタブレットPCに入力するシステムを開発し，点検の効率化を図った。また，ダムの補修履歴についても取り入れ管理に役立つシステムを構築した[3]。なお，胆沢ダムの取組みは，2004年に沖縄の羽地ダムで行ったICタグとPDA（Personal Digital Assistance）を用いた点検管理システム[6]と似ている。

4.5.4　横浜環状南線の栄インターチェンジ・ジャンクション（IC・JCT）（仮称）

　2015年現在で建設事業中の横浜環状南線の栄IC・JCTの周辺には工場，住宅，

田園，鉄塔等が近接し，ICやJCTの線形が輻輳し多層構造となっている。そこで，2014年度に，詳細設計が完了した複数の設計図書から栄IC・JCT全体の３次元モデルを作成した。これにより，２次元図面ではわかりにくい複雑な構造を可視化することができた。今後は，事業の工程計画検討，橋梁桁の架設方法などの施工計画検討などに活用していく。さらに，施工段階でも工事計画説明や関係機関との協議や輻輳する工事現場における安全管理などに利活用していく[3]。

参考文献

1) CIM技術検討会：CIM技術検討会平成24年度報告，2013.
   http://www.cals.jacic.or.jp/CIM/study/pdf/h24/CIM_Report130430.pdf
2) CIM技術検討会：CIM技術検討会平成25年度報告，2014.
   http://www.cals.jacic.or.jp/CIM/study/pdf/h25/H25report_0519.pdf
3) CIM技術検討会：CIM技術検討会平成26年度報告，2015.
   http://www.cals.jacic.or.jp/CIM/study/pdf/h26/h26report_0522.pdf
4) 熊本大学，一般財団法人日本建設情報総合センター：CIMを学ぶ ～河川激特事業におけるCIMの活用記録より～ Construction Information Modeling/Management，2015.
5) 家入龍太：DVDの中身はこれだ！大林組が見草トンネル工事で日本初のCIM電子納品，建設ITワールド，2015.
   http://ieiri-lab.jp/it/2015/07/cim_submission.html/
6) 嶋田善多，矢吹信喜，坂田智己：土木設備の維持管理体系における巡視点検とICタグの活用，土木学会論文集，No.777/VI-65, pp.161-173, 2004.

第5章　3次元モデリングの基礎

　BIM/CIMを理解し，実践していく上で，3次元CG/CADを理解せずに先に進むことはできない。本章では，その基本となる3次元モデリングの基礎について記す。

Keywords

立体モデリング，ソリッドモデル，二多様体，位相，VR，AR

5.1　立体のモデリング手法

　3次元CGにおける立体のモデリング手法には，ワイヤフレームモデル，サーフェスモデル，ソリッドモデルの3種類がある（図-5.1）。ワイヤフレームモデルは，頂点と稜線しかなく，立体の輪郭しか表現できない。サーフェスモデルは，立体の表面も表現できるが中身がないため，体積を求めることができない。ソリッドモデルには立体の中身まで表現できるため，体積が求まり，面で立体を切った場合，断面が平面として表現できる。従って，BIM/CIMではソリッドモデルで部材などを作成する。

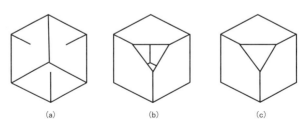

図-5.1　立体のモデリング手法
（a）ワイヤフレームモデル，（b）サーフェスモデル，（c）ソリッドモデル

3次元のソリッドモデルとして部材をモデリングすると，まず，数量計算が瞬時にできること，干渉チェックができ，誤った設計を発見できること，3次元的な見取り図で表現できるため，技術者以外の多くの関係者がすぐに形状を理解できる，といったメリットがある。

ソリッドモデルの作成方法には大きく，①境界表現（B-Rep：Boundary Representation），②スイープ表現，③CSG，④その他ボクセル（voxel），オクトリー（octree）等の4つに分類できる。以下，4つの方法について記す[1)2)]。

5.1.1 境界表現（B-Rep）

境界表現（B-Rep）は，頂点，稜線，面の幾何情報とそれらの位相情報によって境界を表現し，面のどちら側に立体の中身があるかを定義することによりソリッドを表現している。この方法は，複雑な形状の立体でも面を丁寧に積み上げていけばモデリングできるというメリットがある。ほとんどの3次元CADは，境界表現を基本としていると言って良い。境界表現の代表的なデータ構造にウィングドエッジデータ構造（winged edge data structure）がある。図-5.2に示すように，稜線を中心として，隣接する形状要素を記述する。稜線Eの両端の頂点は，pvt, nvtである。両側の面は，pface, nfaceである。次に，pface上のpvtと時計回りに接続している稜線にpcw，nvtと反時計回りに接続している稜線にpccw，また，nface上のpvtと反時計回りに接続している稜線にnccw，

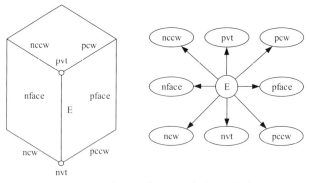

図-5.2　ウィングドエッジデータ構造

nvtと時計回りに接続している稜線にncwと名付けるポインタを生成する。E, pvt, nvt, pface, nface, pcw, pccw, nccw, ncwで各稜線を表現する。中心の稜線をはさんで鳥が翼を広げた形に似ていることから命名された。

5.1.2 スイープ表現

スイープ表現は、立体の断面を表す2次元図形を直線、円、円弧などのある定められた経路に沿って移動させた時にできる軌跡として表現する方法である（図−5.3）。2次元図形からスタートするため、直感的に理解しやすい。図形をスイープしながら、拡大や縮小することによって、径の異なるパイプを接合するパイプや、湾曲しながら、断面が円形から長方形に漸次変化する部材などのモデリングもできる。ほとんどのCADで採用されている。

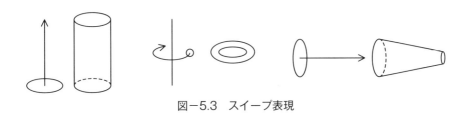

図−5.3　スイープ表現

5.1.3　CSG（Constructive Solid Geometry）

CSG（Constructive Solid Geometry）は、予め直方体、球体、円柱、円錐、三角錐等のプリミティブと呼ばれる基本立体をCGで用意し、それらの論理演算（和、差、積）によって種々の立体形状をモデリングする手法である（図−5.4）。機械系ではしばしば用いられるが、土木、建築系ではあまり利用されない。ただし、オペレーション機能は必要である。

5.1.4　その他

ボクセル（voxel）は、平面形状を長方形の小さなピクセル（pixel）によって表現する方法を立体に応用したもので、小さな立方体Voxelによって種々の

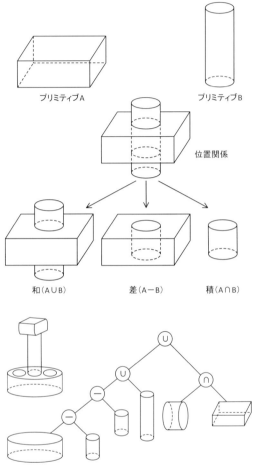

図−5.4　CSGとCSGのブーリアン・オペレーションの例

立体を表現する手法である。しかし，データ量が膨大になることが問題である。

そこで，空間を8つの立方体に分割し，さらに各立方体を8つに分割する作業を繰り返しながら，各立方体が立体の内部にあれば残していき，外部にあれば消去するオクトリー（octree）という方法が考案されている（図−5.5）。

その他にもいくつかの手法が提案されているが，実務ではあまり利用されていない。

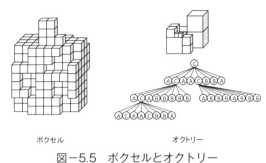

ボクセル　　　　　　　　　オクトリー
図-5.5　ボクセルとオクトリー

5.2 ソリッドモデルの留意事項

5.2.1 二多様体

　一般にソリッドモデルで扱われる立体は，二多様体と呼ばれる。二多様体とは，立体境界（表面）上の任意の点が，常に円盤と等しい近傍を持つものである。ほとんどの物体は二多様体であるが，二多様体でない立体は非多様体と呼ばれる（図-5.6）。我々が扱うのはソリッドモデルであるから，二多様体でなければならない。二多様体か非多様体かをチェックする方法が必要である。この方法を考えたのがレオンハルト・オイラー（Leonhard Euler）（1707-1783）である。

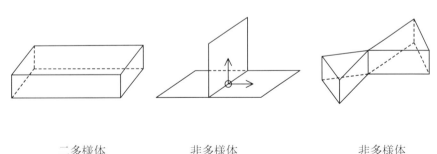

二多様体　　　　　　非多様体　　　　　　非多様体
図-5.6　二多様体と非多様体

面に穴を含まない二多様体では，以下のオイラーの公式が成り立つ。

第5章　3次元モデリングの基礎

$$v - e + f = 2 \qquad (1)$$

ここに，　　v：頂点の数，
　　　　　　e：稜線の数，
　　　　　　f：面の数

この関係を保持するように立体に操作する変更操作をオイラー操作と呼ぶ．図-5.7にオイラー操作の例を示す．

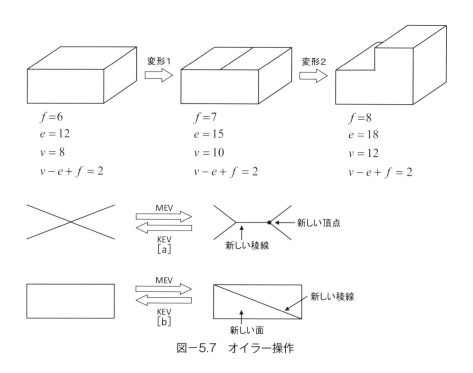

図-5.7　オイラー操作

5.2.2　その他の留意事項

3次元CADを利用して，立体をモデリングする際，注意すべきことは，見た目が正しくても，論理的に誤ったモデルを作成してはいけない，ということである．例えば，図-5.8に示すようなコンクリート・フーチングの上に柱を

5.2 ソリッドモデルの留意事項

モデル化する際，フーチングの内部に柱が埋もれて，2つの部材が重複しているようなモデルを作成してしまうと，数量計算をすると，体積が正しく求まらず，実際より大きな値になってしまう。このような場合は，干渉チェックをかけると良い。

また，図-5.9の左のように，一見するとつながっているような梁と柱も，拡大していくと実際はつながっていないことがある。これは，2つの部材をつなぐ際に，頂点や稜線を互いに共有しあうように操作せず，ただ単に非常に近くに置いただけだからである。位相（トポロジー：topology）が間違っていると言っても良い。シャープペン（和製英語：正しくはmechanical pencil）で図面を描いている時ならば，つながっているように見えれば良かったが，コンピュータ幾何では位相が重要となる。

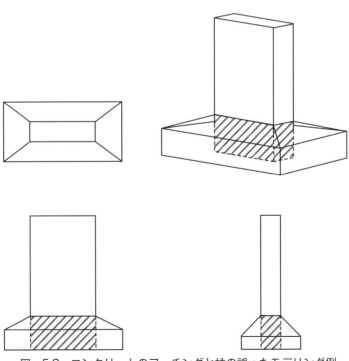

図-5.8　コンクリートのフーチングと柱の誤ったモデリング例

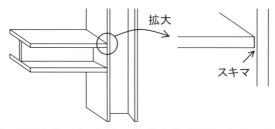

図-5.9 梁と柱が一見つながっているようで実はつながっていない例

5.3 レンダリングとアニメーション

5.3.1 レンダリング

3次元モデルを作成しても,それはあくまで数学的なモデルなので,人間の目で見て,意図したような物体に見えるような仕組みが必要である。目下のところ,表示装置のほとんどは2次元ディスプレイであることから,3次元の物体を2次元画面上で3次元的で写実的な画像を生成するレンダリング(rendering)と呼ばれる技術に依存している。

写実的なレンダリングには,透視投影,隠面消去,シェーディング(shading),およびテクスチャ・マッピング(texture mapping)などの効果付加処理がある。

2次元ディスプレイは,どんなに精細なものでも,結局のところは,ピクセル(pixel)と呼ばれる正方形あるいは長方形の集まりであり,各ピクセルの明るさや色等を調整することにより,あたかもそこに本物があるかのように見せる技術が必要である。そのため,様々な手法が研究開発され,現在では,1980年代のCGとは比較にならないくらいリアリスティックな画像をCGで表現するシステムが安価に入手することができるようになった。

5.3.2 アニメーション

アニメート(animate)とは,「〜に生命を与える」という意味であり,アニメーション(animation)はその名詞形で,本来動かない画像に動きを与えることを意味する。連続的に変化する絵を何枚もの紙に描いてパラパラとめくる

と動いているように見える。これがアニメーションの基本原理であるが，1秒間に何枚の画像（コマ：frame）を見せるかによって，動きの滑らかさが異なる。通常，CGアニメーションでは毎秒10～30枚程度の画像が必要とされている。

CGアニメーションを滑らかにリアリスティックに見せるために，やはり様々な技術開発がなされている[1]。

5.4 VRとAR

5.4.1 バーチャル・リアリティ（VR）

CGによって3次元的な画像や映像を作成できるが，立体的に見えるようにするためには，両眼視差を利用する必要がある。そのためには，両眼視差を考慮した左眼用の画像と右眼用の画像を用意し，それぞれが，左眼と右眼にだけ見えるようにする装置が必要となる。簡単なものは，各眼の映像を赤と緑で作成し，同時にディスプレイやスクリーン上に移し，赤と緑のセロハンを各々に貼った眼鏡をかけるものである。もう少し高度な装置は，液晶シャッター付き眼鏡で，赤外線の信号により液晶が一秒間に数十回のピッチで開閉し，それに合わせてディスプレイやスクリーンに左右眼用の画像を交互に映す方法である。これらとは全く別のアプローチがヘッド・マウンテッド・ディスプレイで左右眼に強制的に各画像を見せる方法である。

CIMでも，3次元モデルを作成し，発注者や市民などの利害関係者に，よりリアリスティックなプレゼンテーションを行う場合は，立体視を含めて対話型機能を持ったVR（Virtual Reality：バーチャル・リアリティ）の装置を用いることがある。本来，VRは視覚（立体視）だけでなく，聴覚，嗅覚，触覚，味覚，平衡感覚などの知覚も対象としているのだが，人間の視覚はその中でも最も重要な知覚とされている。

VRがVRであるための三要素は，以下の通りである[3]。

(1) 3次元の空間性：人間にとって自然な3次元空間を構成している。

(2) 実時間の相互作用性：人間がその中で，環境との実時間の相互作用を

しながら自由に行動できる。
　(3)　自己投射性：その環境を仕用している人間がシームレスになっていて環境に入り込んだ状態が作れる。

従って，単に3次元CGを見せただけでは，VRとは言えないのである。

5.4.2　オーグメンテッド・リアリティ（AR）

AR（Augmented Reality：オーグメンテッド・リアリティ）は，拡張現実感と訳されており，実環境の物体の映像にバーチャルな物体や文字などのデジタル情報を様々な方法で重畳する技術である。

ARは，ほんの数年前までは，土木建築分野では，屋外にマーカを置いて，新規に建設される建物や橋梁などのCGをヘッド・マウンテッド・ディスプレイの画面に重畳する程度の利用であったが，その後のARの位置合わせ技術の格段の進歩などにより，マーカレスARが普及している。また，仮想CGが実体の後ろにあれば見えないはずなのに見えてしまい，実体が隠れてしまうというオクルージョン問題も写真測量技術やレーザスキャナによる3次元モデルを利用することによって解決している[4]。実務への適用としては，景観検討の他に，建設現場での安全性の確認や維持管理・補修における設計や施工方法の検討などに利用されつつある。

参考文献

1 ）CG-ARTS協会：コンピュータグラフィクス，財団法人画像情報教育振興協会，2010.
2 ）矢吹信喜，蒋苗耕司，三浦憲二郎：工業情報学の基礎，理工図書，2011.
3 ）澤木昌典，矢吹信喜，福田知弘，池道彦，下田吉之，惣田訓，松村暢彦，柴田祐，青野正二，上甫木昭春，久隆浩，吉村英祐，宮崎ひろ志：はじめての環境デザイン学，理工図書，2011.
4 ）矢吹信喜，種村貴士，福田知弘，道川隆士：Diminished Realityを用いた構造物撤去新設時の景観検討AR実現に関する研究，土木学会論文集F3（土木情報学），Vol.70, No.2, pp.I_16-I_25, 2014.

第6章　プロダクトモデル

　BIM/CIMにおいて，プロダクトモデルは中核となる情報モデルである。従って，本当にBIM/CIMを理解するためには避けて通れない。しかし土木建築分野の技術者にとっては馴染みがない領域なので，とっつきにくいかもしれないが，飛ばさないで，目を通して頂きたい。

　本章では，まず，プロダクトモデルの基礎となるオブジェクト指向技術について，その歴史，概念，表現方法を説明する。次に，プロダクトモデルとは何かを説明した後，プロダクトモデルの国際標準であるISO 10303を説明する。最後に土木建築分野のプロダクトモデルを開発している国際的な組織とその活動状況および建築用のプロダクトモデルであるIFC（Industry Foundation Classes）について概説する。

Keywords
　オブジェクト指向，UML，プロダクトモデル，ISO-STEP，EXPRESS，EXPRESS-G，buildingSMART International，IFC

6.1　オブジェクト指向技術の誕生まで

　従来のリレーショナルデータベースでは，3次元形状と属性を持つ部品や部材によって複雑に構成される製品や構造物を表現することは難しく，データを検索することはさらに困難となる。このような製品や構造物のようなモノのデータを表現するためには，モノすなわちオブジェクトを中心にデータを構築するモデル化技術が適している。こうした技術をオブジェクト指向技術と呼ぶ。

　オブジェクト指向技術の歴史は古く，概念は1960年代に生まれ，70年代にはSmallTalk等のオブジェクト指向技術に基づくプログラミング言語が開発され，

研究に利用されていた。オブジェクト指向技術の研究開発の源流は2つある。

ソフトウェア工学と人工知能である。

ソフトウェア工学では，プログラミングにおいて変数の数が増えてくると扱いが困難となり，バグ（プログラムのミス）が増えるという問題をいかにして解決するか研究されていた。

その時，データつまり変数や定数を中心に考えるのではなく，モノすなわちオブジェクトを中心に考え，データはそのオブジェクトの中に含まれる属性として定義する，といった新しい考え方が生まれた。さらに，そのオブジェクトに関する振る舞い，つまり計算を別のサブルーチンとして記述するのではなく，オブジェクト内部に含めてしまい，その計算を動作させる際は，オブジェクトに動作用のメッセージを送るという画期的な方法が生まれた。

一方，人工知能の分野では，人間が持つ様々な知識をどのように表現すれば，コンピュータで処理して，あたかもコンピュータが考えているかのように振る舞わせることができるか研究されていた。我々の周りに存在する様々な物は，似たようなものが集められ，「橋梁」や「犬」などといった言葉によって表現される。

一方，橋梁はコンクリート橋と鋼橋に分類され，コンクリート橋はさらに鉄筋コンクリート（RC）橋とプレストレスト・コンクリート（PC）橋といったように階層構造的に分類される。階層の上から下へと性質は継承されていく。

一方，明石海峡大橋のような現存する個別の橋は，階層の最下位に紐付けられる。人工知能分野では，このようなコンピュータ処理に適した知識表現の技術が生まれた。

以上の2つの流れが合流してオブジェクト指向技術が生まれたのである。次項では，オブジェクト指向技術のうち，プロダクトモデルに関連する事項を解説する。オブジェクト指向プログラミングについては，専門書[1]を参照されたい。

6.2 オブジェクト指向技術とは

前節に記したように，オブジェクト指向技術とは，物をモノとして定義して，それらに属性や振る舞いを設定し，それらの相互作用によりシステムを構築していく技法である。橋梁を例にオブジェクト指向技術の概念を概説する。

6.2.1 クラスとインスタンス

「橋梁」という言葉は，現実世界に存在する個別の橋を示すのではなく，橋と呼べるものを集めたグループの総称であり，一つの概念を表すものである。このように個別のモノを集めて概念化し，一つの言葉で表現することを「抽象化」(abstraction) と言い，その言葉をクラス (class) と呼ぶ。一方，例えば，明石海峡大橋のような個別の橋梁は，橋梁というクラスに基づく実体であり，これをインスタンス (instance) と呼び，クラスとは明確に区別し，クラスの下位に位置付ける（図-6.1）。

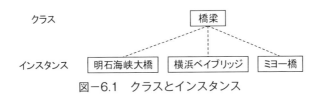

図-6.1 クラスとインスタンス

6.2.2 属性

個々のインスタンスは，それらを特徴付ける情報を持つ。例えば，各橋梁には，橋名，位置，橋長，完成年月日，管理者，施工会社，主な材料等の情報がある。こうした情報を属性（アトリビュート：attribute，あるいはプロパティ：property）と呼ぶ。インスタンスが持つことができる属性は，予めクラスの中で定義される（図-6.2）。

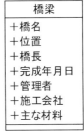

図-6.2 橋梁クラスの属性（例）

6.2.3 汎化

　橋梁は，前述のように，コンクリート橋と鋼橋に主に分類され，コンクリート橋はRC橋とPC橋，鋼橋は鋼桁橋，吊橋，トラス橋等といった具合に分類される。さらに，鋼桁橋は，鋼I桁橋，鋼箱桁橋等に分類される（図-6.3）。このように分類された橋梁の種類は，抽象化された概念を表すクラスとして定義できる。コンクリート橋と鋼橋のクラスは，主な材料の違いによって，橋梁クラスをそれぞれ特化させたものである。このような場合，コンクリート橋と鋼橋クラスは，橋梁クラスの「サブクラス」（subclass）であるという。逆に，橋梁クラスは，コンクリート橋クラスの「スーパークラス」（superclass）であるという。このようにクラスに上下関係を設けて，何層にも階層化してクラスを構成することができる。ここで，上位の層から下位の層にクラスを分類していくことを「特化」（specialization）と呼び，逆に下位から上位の層にクラスを一般化していくことを「汎化」（generalization）と呼ぶ。こうした「汎化－特化」の関係を，「is-a」（イズアと読む）の関係ともいう。また，「汎化－特化」は単純に「汎化」の関係と通常いう。下位の層のクラスは，上位の層のクラスに属しているから，例えば，「鋼橋は橋梁である」（A steel bridge is a bridge）と言えるが，「橋梁は鋼橋である」と言えば誤りである。A is a B.（Aが下位でBが上位のクラス）と言えるような関係だから，is-aの関係と呼ぶのである。

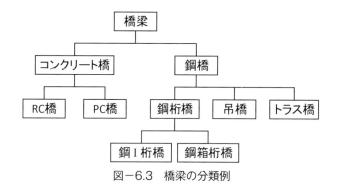

図-6.3　橋梁の分類例

6.2.4 継承

クラスには属性があると前述したが,オブジェクト指向技術では,スーパークラスの属性はサブクラスにそのまま継承(inherit)される。継承は英語でinheritanceという。ここで,階層構造となるクラスを図で表現する際に,クラスの上下関係を線で表現するためには規則が必要となる。オブジェクト指向技術によるモデリングでは,UML(Unified Modeling Language)が良く利用される。UMLでは,スーパークラス(superclass)に「△」を付けた線分でサブクラス(subclass)と結んで,汎化(is-a)の関係を表す。UMLを用いて,橋梁と下位のクラスを図で表現してみる(図-6.4)。図にはクラスの属性も記入できる。クラスの属性は,UMLでは,クラス名のすぐ下の枠の中に,頭に「+」を付して記載している。クラスは上位のクラスで定義されていれば,下位のクラスに継承されるため,再度記載する必要はない。また,中位のクラスで上位のクラスになかった属性を定義することができる。その場合,中位のクラスより下位のクラスは,中位のクラスの全ての属性を継承することになる。

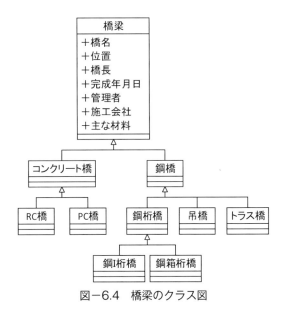

図-6.4 橋梁のクラス図

6.2.5 集約

橋梁は，種々の部材によって構成されるが，大きく言えば，上部構造，支承，下部構造の3つに分けられる．上部構造は，桁，床版，ケーブル（吊橋や斜張橋の場合）などの要素に分けられる（図−6.5）．下部構造は，橋脚，橋台，基礎などの要素に分けられる．このような分け方は，前述の汎化とは異なり，全体と部分の関係であり，オブジェクト指向では「集約」（aggregation）と呼ぶ．集約の中でも特に全体と部分の結びつきが強く，その部分がなくなった場合，全体が機能しないため，そのものがなくなるような関係を「コンポジション」（composition）と呼ぶ．UMLの図では，集約は全体側に「◇」を付した線分で結び，コンポジションは全体側に「◆」を付した線分で結ぶ．橋梁の例を図−6.6に示す．この例では，上部構造の部分として，桁と床版はコンポジション，ケーブルは集約となっている．これは，桁と床版は上部構造になくてはならない部分であるが，ケーブルは必ずしもそうではないからである．

　オブジェクト指向では，集約とコンポジションは，「part-of」の関係ともいう．例を挙げると，「桁は上部構造の一部である」は英語では，A girder is a part of a superstructureとなる．このように，AがBのある部分を構成するという集約やコンポジションは，A is a part of B と表現できることから，part-of の関係と呼ばれるのである．なお，当然のことながら，集約とコンポジションでは，汎化と異なり，クラス間での属性の継承はない．

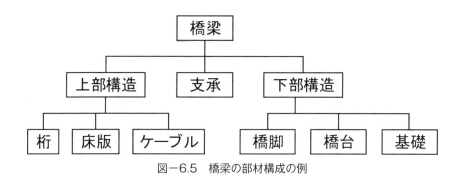

図−6.5　橋梁の部材構成の例

6.2 オブジェクト指向技術とは

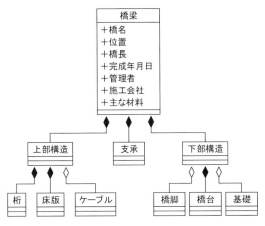

図-6.6 橋梁の集約およびコンポジションの関係

6.2.6 その他の関係

オブジェクト指向では,上記の汎化,集約,コンポジションの他に以下のようなクラスの関係がある。

- 関連(association):クラス間の結びつきがある場合
- 依存(dependency):相手の状態や変更などのイベントに対して影響を受ける関係
- 実現(realization):相手を具象化する関係

図-6.7にUMLにおけるクラスの関係と線形を示す。関連(および集約,コンポジション)を表す線分の両端に数値や数値の範囲を書くことにより,関係する数を表現することができる(図-6.7)。ここで,1は1個,0..n または * は0以上,1..n は1以上,2..9 は2から9を意味する。例えば,一つの橋梁に対して支承は複数あるため,橋梁側に1,支承側に 1..n と線形に付す。一方,下部構造に対して橋台は2個あるので,下部構造側に1,橋台側に2と集約を表す線形に付す。

なお,プロダクトモデルにおけるクラスの関係を図示する際は,UMLよりは,ISO 10303で規定されているEXPRESS-Gと呼ばれる記号が用いられることが多いので注意を要する。

第6章 プロダクトモデル

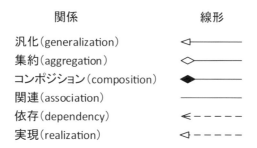

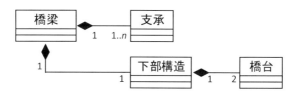

図-6.7　UMLにおけるクラスの関係と線形の表記方法

6.3　プロダクトモデルとは

　構造物の3次元モデルやプロジェクトに関する諸データを関係者で共有したり，異なるソフトウェア間でデータの交換を行ったりするためには，標準化されたデータモデルすなわちプロダクトモデルが必要である。プロダクトモデルは，単なるCADデータの互換フォーマットではなく，製品や構造物の全体から部品・部材のレベルまでにわたり，形状や材料，仕様，部材間の関係などの情報をオブジェクト指向技術に基づいて表現した汎用的なデータモデル（仕様）である。ある製品や構造物について一般化されたプロダクトモデルとして記述したものをスキーマ（schema）と呼ぶ。プロダクトモデルは，通常テキストファイルあるいはデータベースとしてコンピュータに実装される。プロダクトモデルに基づいて，ある固有の製品や構造物に関する諸データを記述した交換用データを作成した場合，これをインスタンスファイルと呼び，スキーマと明確に区別する。

6.4 国際標準ISOのSTEP

6.4.1 ISO-STEPの概要

プロダクトモデルに関するISO (International Organization for Standardization) の国際標準は，ISO 10303であり，正式な表題は，Industrial automation systems and integration - Product data representation and exchangeである。日本語に訳せば，「産業自動化システムと統合化に関する製品データの表現及び交換に関する規格」となる。この標準は，ライフサイクル全般にわたる製品の情報データと図面データの表現方法とその製品データの交換・共有を実現する方法を規定している。ISO 10303の俗称はSTEPといい，STandard for the Exchange of Product model dataの略であり，広くISO-STEPと呼ばれている。

ISO-STEPは，数百という多数のパートから構成されており，毎年新しいパートが追加されたり，改定されたりしている。大きく分類すると，「記述方式」，「実装方式」，「適合性試験」などのISO-STEPの環境に関するもの，「統合リソース」に関するもの，「アプリケーションプロトコル（AP）」に関するものの3つの部分により構成されている。ISO-STEPにおいては，プロダクトモデルを，曖昧さをなるべく排除し，形式的に記述する言語としてEXPRESS言語の記述方式を定めている。

6.4.2 EXPRESS言語

EXPRESS言語は，プロダクトモデルを記述するためにISO 10303で仕様が規定されている国際標準の言語である。ISO-STEPでは，製品を種類により分類し，製品を構成している要素に分解し，要素ごとにその内容をEXPRESS言語で記述する。その後，各々の要素間の関連付けを行う。各要素のことをエンティティ（entity）と呼び，その内容を記述するものを属性（attribute）と呼ぶ。ある製品について一般化されたプロダクトモデルとして記述されたものをスキーマ（schema）と呼ぶ。スキーマは複数のエンティティに関する記述によって構成され，各エンティティは複数の属性の記述によって詳細化される。

例えば、「橋梁」の簡単なスキーマ「bridge_product_model」を定義してみよう。

まず、橋梁を一つのエンティティ「bridge」にする。橋梁の橋名や橋長等の様々な情報を属性とする。橋梁（bridge）の簡単なプロダクトモデルをEXPRESS言語仕様に従って表現すると図-6.8のようになる。以下、このプロダクトモデルを説明する。

スキーマ（SCHEMA）名は、bridge_product_modelであり、はじめに宣言する。その後、TYPEがすぐに宣言されているが、これはコンピュータ・プログラムと似ている。girder_typeというタイプは、i_girder（I桁）かbox_girder（箱桁）のいずれかと規定されている。ENUMERATIONとは列挙という意味で、予めここで列挙されたデータからしか選択できないようになっている。

エンティティの定義は、ENTITYで始まり、END_ENTITYで終わる。この間に必要な情報を列記する。エンティティには名称を付ける必要がある。この例では、bridgeという名前のエンティティを定義している。SUPERTYPE OFは、次のコンクリート橋「concrete_bridge」と鋼橋「steel_bridge」のスーパークラスのエンティティであることを示している。

属性は、段下げして、その名前とそのデータ型またはエンティティ名をコロン「:」で区切って記述する。データ型には、整数「INTEGER」、実数「REAL」、倍精度実数「DOUBLE」、文字列（ストリング）「STRING」のような単純型の他に「LABEL」のようにタイプ宣言されたものが使用される。橋梁の橋名（bridge_name）をSTRINGの型で、橋長（bridge_length）をDOUBLEの型で宣言している。

次のエンティティはconcrete_bridgeで、SUBTYPE OFは、bridgeのサブクラスのエンティティであることを示している。また、SUPERTYPE OFでrc_bridgeおよびpc_bridgeのスーパークラスであることを宣言している。これら2つの子供のentitiesは以下同様に定義されている。

```
SCHEMA bridge_product_model;

TYPE girder_type = ENUMERATION OF
          (i_girder,
          box_girder);
END_TYPE;

ENTITY bridge
SUPERTYPE OF (ONEOF (concrete_bridge, steel_bridge));
          bridge_name: STRING;
          bridge_length: DOUBLE;
END_ENTITY;

ENTITY concrete_bridge
SUBTYPE OF (bridge);
SUPERTYPE OF (ONEOF (rc_bridge, pc_bridge));
END_ENTITY;

ENTITY rc_bridge
SUBTYPE OF (concrete_bridge);
END_ENTITY;

ENTITY pc_bridge
SUBTYPE OF (concrete_bridge);
END_ENTITY;

ENTITY steel_bridge
SUBTYPE OF (bridge);
SUPERTYPE OF (ONEOF (steel_girder_bridge, cable_suspension_bridge));
END_ENTITY;

ENTITY steel_girder_bridge
SUBTYPE OF (steel_bridge);
          girder: girder_type;
END_ENTITY;

ENTITY cable_suspension_bridge
SUBTYPE OF (steel_bridge);
          main_tower_height: DOUBLE;
          cable_style: OPTIONAL STRING;
END_ENTITY;

END_SCHEMA;
```

図－6.8　EXPRESS言語で記述した簡単な橋梁のスキーマ定義の例

鋼橋「steel_bridge」は，bridgeのSUBTYPEであり，鋼桁橋「steel_girder_bridge」およびつり橋「cable_suspension_bridge」のSUPERTYPEであることを宣言している。次のsteel_girder_bridgeではsteel_bridgeのSUBTYPEであることを宣言した後，属性であるgirderは，girder_typeであると宣言している。最初にgirder_typeは規定されており，2つの桁のタイプ i_girderかbox_girderのいずれかを選択しなければならない。

次のエンティティであるcable_suspension_bridgeでは，steel_bridgeのSUBTYPEであることを宣言した後，2つの属性が規定されている。属性main_tower_heightの型はDOUBLEであり，必ず属性値を記述しなければならないが，cable_styleの型はOPTIONAL STRINGとなっているため，オプショナルすなわち記述してもしなくても良いというタイプであり，STRINGで記載する。最後にEND_SCHEMA；と書く。

なお，図-6.8に示すSCHEMAは簡略化したものであり，EXPRESS言語ではさらにもっと詳細な情報を記述することになる。本書ではEXPRESS言語のおおよその感覚を示すに留める。

6.4.3　EXPRESS-G

EXPRESS言語は，プロダクトモデルのスキーマを正確に記述することができるという長所があるが，一般の人々にとってエンティティの継承関係や属性などを俯瞰的に把握することは困難である。そこで，ISO-STEPでは，スキーマを図で表現するための図式言語EXPRESS-Gを規定している。EXPRESS-Gは，各種データ型やエンティティの持つデータ種を明示する機能に加え，エンティティ相互の継承関係を表現するのに優れており，スキーマの全体的な構造を把握するのに有用である。図-6.9にEXPRESS-Gで用いる記号の凡例を示す。また，図-6.10に前項で記した橋梁のスキーマbridge_product_modelをEXPRESS-Gで表現したものを示す。

6.4 国際標準ISOのSTEP

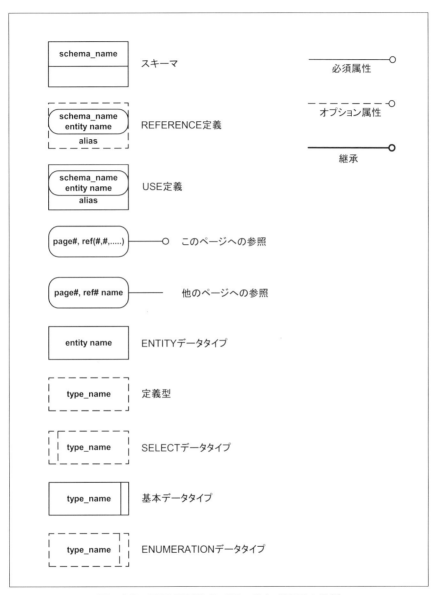

図−6.9 EXPRESS-Gで用いられる記号の凡例

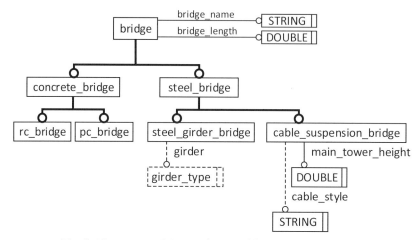

図−6.10　EXPRESS-Gで表現した橋梁のスキーマの事例

6.4.4　インスタンスファイル

上述のEXPRESSやEXPRESS-Gで記述されたスキーマは，ある種類の製品や構造物の一般化したプロダクトモデルを表現しており，現存するモノ，例えば明石海峡大橋，の位置座標や寸法，部材ごとの材料などは，インスタンスとして記述され，そうしたSTEP物理ファイルを通称Part-21ファイルと呼ぶ。

Part-21ファイルはテキストファイルであり，図−6.11のような基本構造を持つ。Part-21ファイルは，文字列ISO-10303-21;で始まり，END-ISO-103030-21;で終わる。さらにファイルは，大きく分けてヘッダ節とデータ節の2つの部分からなる。ヘッダ節には，ファイルの概要，ファイル名，作成日時，作成者，作成者の所属組織などのいわゆるファイルのメタデータが記述される。また，STEP規格中のどのアプリケーションプロトコルに則って作成されたかを示すスキーマ名や実装レベルなども記述される。データ節には，CADシステムなどで作成されたデータ群が，STEPのデータ形式に変換されてSTEPエンティティのインスタンス列として並ぶ。

データ節中のエンティティインスタンスの基本的な書式を図−6.11に示す。

6.4 国際標準ISOのSTEP

このように，1個のエンティティインスタンスは，記号#で始まり，記号；で終わる。記号#の次に続く自然数は，1から順番に付ける必要はない。ただし，一つのPart-21ファイル内で一意でなければならない。この識別子によりPart-21ファイル中のエンティティインスタンスを特定できる。図-6.12の例では，#17のAXISPLACEMENTの属性値1として#24があるが，これは，#24のデータを参照せよ，という意味である。#24に飛ぶと，CARTESIANPOINT，すなわちデカルト座標の点を示しており，XYZの座標値（3, 0, 0）が属性値として記載されている。

```
ISO-10303-21;
HEADER;
FILE_DESCRIPTION(
/* description */ ('Basic structure of a Part-21 file'),
/* implementation_level */ '2;1');
FILE_NAME(
/* name */ 'sample',
/* time_stamp */ '2015-07-20T10:37:25',
/* author */ ('Nobuyoshi Yabuki'),
/* organization */ ('Osaka University'),
/* preprocessor_version */ 'Some CAD System 1 Version 1.2',
/* originating_system */ 'Some CAD System 2 Version 3.1',
/* authorization */ 'Rikoh Tosho');
FILE_SCHEMA (('BRIDGE_PRODUCT_MODEL'));
ENDSEC;
DATA;

・・・・・・・・・・・（中略）

#11=CABLE_SUSPENSION_BRIDGE('ABC Bridge',875.560,90.230,'');
#17=AXISPLACEMENT(#24,$,$);
#24=CARTESIANPOINT(3.000000E+00,0.000000E+00,0.000000E+00');

・・・・・・・・・・・（中略）

ENDSEC;
END-ISO-10303-21;
```

図-6.11　Part-21ファイルの基本的な形式

```
#自然数＝エンティティ名（属性値1，属性値2，・・・・）；
```

図-6.12　エンティティインスタンスの基本的な書式

6.5　buildingSMART International

6.5.1　IAIについて

　機械，船舶，プラントなどの分野では，1980年代から90年代にかけて，ISO-STEPに基づいてプロダクトモデルのスキーマを作成する作業が進んだ。一方，土木建築分野は，その必要性は研究者らによって唱えられたものの，実際の制定作業は進まなかった。そこで，米国のCAD会社が中心となって，建築構造物のためのC++のクラスを開発する業界コンソーシアムIAIを1994年に設立し，12の米国の企業が加盟した。設立当初は，IAIはIndustry Alliance for Interoperabilityの略であった。その後，各国に参加を呼びかけて，日本も1996年に加盟した。1997年にIAIは，建築構造物のプロダクトモデルを策定する国際的な非営利組織となり，International Alliance for Interoperabilityに改称した。これを敢えて日本語に訳せば「相互運用性のための国際同盟」となろうが，相互運用性とは，異なるアプリケーション間で建築構造物に関するデータを交換，共有できることである。

　IAIの目的は，ISO-STEPに基づく建築構造物のプロダクトモデルIFC（Industry Foundation Classes）を作成し，国際標準とし，運用・普及を促進することである。IFCも敢えて日本語に訳せば「産業の基礎となるクラス（複数形）」となるが，これでは何の意味かわかりにくい。産業（industry）といっても，ここではAEC（Architecture, Engineering and Construction）と言われる建設産業で，「建築，（構造・設備）工学および建設」分野を意味している。Classesは，オブジェクト指向技術のクラスであり，ISO-STEPにおけるエンティティを意味する。

　1990年代後半のIFCでは，梁，柱，床，壁，窓，ドアといった建築構造物の基本となる部材のクラスとそれらの属性が定義されたことから，完成が近いのではないかと期待された。しかし，その後，単に梁や柱といった部材のクラスだけでは不十分で，プロジェクトに関する相当に広い範囲のデータを包含するデータモデルを開発することになった。さらに，属性は国ごとにかなりの違いがあることから，プロパティ・セットとして部材のクラスから切り離して定義し，その部材と関連づけるという方法が加わった。このため，2000年代は，

細かなバージョンアップ（和製英語：正しくはupgrade）作業が頻繁に実施され，当初はA1サイズの模造紙1枚にEXPRESS-Gで図示表示できる程度の大きさだったIFCが模造紙を何枚もつなげないと表示できないほど複雑で巨大なプロジェクトモデルになっていった。

6.5.2 buildingSMART International

　2005年に，IAIという名称は一般人にわかりにくく，AIA（American Institute of Architects：米国建築家協会）と混同しやすい（オーストラリアの英語では両方とも「アイ，アイ，アイ」と聞こえる），等の指摘があり，徐々にbuildingSMART International(bSI)に改称していった。最初のbは小文字であり，buildingとSMARTの間にスペースは入れない。日本では，この名称はスマート・ビルディングを逆にしたものだと思っている人が多いが，そうではない。実は，buildingは動名詞でSMARTは副詞で，「スマートに建設すること」という意味である。現在では，各国の支部（chapter）も名称を変更しており，例えば日本支部は，buildingSMART Japan Chapterという。ただし，日本国内では，名称変更に費用がかかることから，国内では，「一般社団法人IAI日本」のままである。2015年7月現在，bSIの支部は，オーストラリア，カナダ，中国，フランス，ドイツ，香港，イタリア，日本，韓国，オランダ，ノルディック（フィンランド，デンマーク，スウェーデン），ノルウェー，シンガポール，スペイン，英国，米国の16個である。長年にわたる各支部およびメンバー達の努力の結果，2013年3月にIFCが正式に国際標準ISO 16739になった。

　従来のIAI（bSI）は，支部での活動が活発で，全体を統括する中央組織が弱く，何かを決定する際には話し合いと投票による方法に依存していたため，意思決定に時間がかかる上に，一貫性が常にあるとは言い難かった。今後のIFCの運用・普及，IFCに関係する諸標準の策定を推進していくためには，支部に対する本部機能を強化し，各種標準を規則に則って策定していくことと，経営マネジメント力の必要性が認識された。そこで，2013年から2015年にかけて，bSIの組織改革が実行された。

6.5.3 bSIインフラ分科会

2013年10月ミュンヘン（ドイツ）で開催されたbSIの全体会議「Summit」で，社会インフラのプロダクトモデルを構築し，国際標準化するための分科会であるインフラ分科会（Infrastructure Room）が正式に発足した。筆者は，この分科会の運営委員会の委員，幹事会の幹事を2015年時点で勤めている。

インフラ分科会では，最初の重要課題を道路や鉄道等の中心線形（alignment）とし，9.3で詳細は記すが，IFC-Alignment 1.0の開発を行い，2015年に完成した。同時に，LandXMLのMVD（Model View Definition），道路のプロダクトモデルIFC-Road，橋梁のプロダクトモデルIFC-Bridge等の開発を実施中である。

6.6 IFC（Industry Foundation Classes）

6.6.1 IFCとは

IFCは，ISO-STEPのEXPRESSおよびEXPRESS-Gの規定に従って，建築構造物のプロダクトモデルの仕様を定めたものである。ただし，数多くの種類の部材や空間，概念，属性，種々の関係等の多様なデータを組織的にまとめ上げるために，種々の工夫が施されている。IFCでは，製品データを表現する基本単位をエンティティ，エンティティの内容を記述するものをアトリビュート（属性情報）と呼ぶ。プロダクトモデルはエンティティとその関係で構成され，これをスキーマと呼ぶ。

IFCは，以下に示す4種類のスキーマで構成されている。

- ●Core Data Schema（中核データスキーマ）
- ●Shared Element Data Schema（共有エレメントデータスキーマ）
- ●Domain Specific Data Schema（領域特有データスキーマ）
- ●Resource Definition Data Schema（リソース定義データスキーマ）

各スキーマは，図-6.13に示すようにさらに細かく分類される。図-6.13は，IFCの仕様書10)に掲載されているスキーマの関係を分かりやすくしたものである。Core Data Schemasは，IFCのスキーマの中核となるエンティティで構成

6.6 IFC (Industry Foundation Classes)

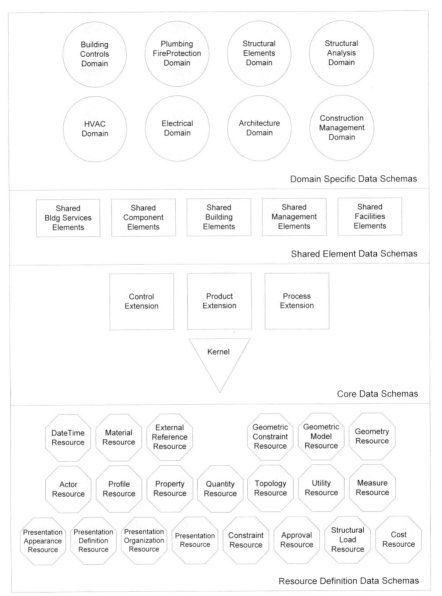

図-6.13 IFCのスキーマ構成

されるスキーマである。Core Data Schemasを最上位階層として，Shared Element Data Schemas，Domain Specific Data Schemas，Resource Definition Data Schemasの順に階層が構成され，上位の階層ほど概念的で，下位の階層ほど具体的になる。IFCの基幹構成は，図-6.14に示すIfcRootを頂点とする4つの要素で構成されており，これらの要素がCore Data Schemasに定義されている。IfcObjectDefinitionの下位型に知覚可能なあるいは想像可能なエンティティ，IfcPropertyDefinitionの下位型にプロパティを定義するエンティティ，IfcRelationshipの下位型にエンティティの相互作用の関係を表すエンティティを定義している。

Shared Element Data Schemasは，Domain Specific Data Schemasの複数の領域で共有される概念的な要素およびそれらの要素の関係性を定義する階層である。

Domain Specific Data Schemasは，建築分野の構造物を構成する構造，電気，施工管理，構造解析等の領域（domain）に特有の具体化された要素を定義する階層である。

Resource Definition Data Schemasは，これより上位のスキーマで定義される要素から参照される建築構造物の物理，時間，リソース等を表現するために用いられる要素（ただし，個々に独立して存在できない）を定義する階層である。

6.6.2　IFCに関連する諸標準

IFCによって，ビルディングに関するプロダクトモデルのデータを様々なソフトウェアがインポートしたり，エクスポートしたりできるようになった。しかし，IFCだけでは，実際の実務で使おうとするとまだ不十分であることがだんだんわかってきた。そこで，まず，ユースケース（use cases）に基づいて，ライフサイクルの各段階において，建築家，構造・設備技術者，二次製品製造業者，総合請負業者がどのようにデータ交換を行うのかを分析し，必要なデータ項目を洗い出して，IDM（Information Delivery Manual）を作成する。次に，IDMに基づいて，実際のソフトウェアでデータ交換を有効にするために，

6.6 IFC (Industry Foundation Classes)

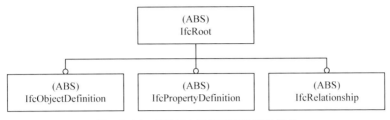

図-6.14　IFCにおける要素の基幹構成

MVD (Model View Definition) を作成する。

　IFCがISOの国際標準になった2013年から,IDMとMVDの開発により多くのエネルギーが費やされるようになってきている。これは,BIMが概念的なフェーズから実務で実際に利用されるようになって,生じてきた変化だと考えられる。

参考文献
1) 矢吹信喜,蒔苗耕司,三浦憲二郎:工業情報学の基礎,理工図書,2011.

第7章　測量とGIS

　従来は，対象が広範囲であれば，航空写真測量を用いて，工事現場や道路等を，トランシット（transit），レベル（level），TS（Total Station：トータルステーション）等を用いた手作業による測量で，土木構造物の計画，設計，施工，維持補修等に必要な地形図を作成してきた。プロジェクトの計画初期段階では，国土地理院刊行の2万5千分の1や1万分の1地形図等を使用することも多かった。これらの地形図は，全て紙やマイラーフィルムなどに印刷あるいは描画されたアナログ画像で，人が目で見て理解することを目的に作られている。そのため，3次元CADに地形データを入力するためには，アナログからデジタルデータに変換する必要があった。

　1970年代から80年代は，デジタイザと呼ばれる機械により人力で等高線をカーソルでなぞって，標高値を持った多数の点を結んだストリングとしてデジタル化していた。これには相当な時間と労力がかかったため，90年代から，スキャナで光学的に地形図をスキャンした後，不要な線や文字を消去し，等高線を線分の集まりに変換し，線分に標高値を与えることによってデジタル化するようになった。しかし，それでも相当なコストがかかったため，当時は，特別な理由がなければ，地表面のデジタルデータを作成することはまれだった。

　しかし，CIMにおいては，地表面の3次元デジタルデータを必要とする。本章では，そのための新しい測量技術について概説する。

Keywords

GPS，GNSS，レーザキャスナ，MMS，写真測量技術，点群，GIS

第7章 測量とGIS

7.1 GPSとGNSS

7.1.1 GPS

　測位技術についてのコペルニクス的転換を図ったのはGPS（Global Positioning System：全地球測位システム）である。GPSは，米国の国防総省が1973年から陸海空軍の航空機，艦船，陸上車両および兵士個人の航法用に開発したもので，地球上の現在位置を計測するための人工衛星を用いたシステムである。米国では，まず原子時計と呼ばれる極めて正確な時計を有するGPS用の人工衛星を24機打上げ，地球上ほぼどこでも常に最低4機のGPS衛星が上空にあるような軌道とした。これらのGPS衛星の正確な位置は，種々の方法を組合わせることによって，常に予め把握されている。一方，地上では受信機と上空のGPS衛星との間で電波により時間差を求めることにより，受信機と各衛星との距離が求まる。4つの異なる位置にあるGPS衛星と受信機との各距離から，図-7.1に示すように，受信機位置が一意的に決まるというのが基本的な原理である。ただし，受信機の時計の精度は原子時計と比較すると低い上に，電離層や周辺の地物への電波の反射等のため，実際は距離には誤差が含まれている。そのため，全体として誤差が最小となる位置を統計的な処理により決定している。なお，米国ではその後GPS衛星を増やし30個程度としている[1]。

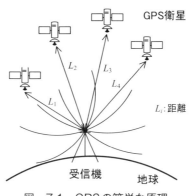

図-7.1　GPSの簡単な原理

7.1.2 GNSS

　GPSは当初は米国の軍事目的にしか利用できなかったが，1990年の東西冷戦終結後，1993年12月から民間用途に解放された．しかし，完全に解放されたわけではなく，SA（Selective Availability：選択利用性）と呼ばれる民間用途の場合，意図的に測位精度を落とす措置が講じられた．そのため，測位誤差は数十m以上もあった．しかし，2000年5月に，SAが解除されて，精度が格段に（数m）改善した．これと共に，測位精度をさらに向上させる種々の技術が開発され，GPSは測量で使うことができるようになった．

　また，ロシア，EU，中国などではGPSの人工衛星だけでなく，自国でも測位用の人工衛星を打ち上げ始め，GLONASS, Galileo, Compass等のシステムを開発し，一部運用するようになったため，これらの衛星測位システムを総称して，GNSS（Global Navigation Satellite System：汎地球測位航法衛星システム）と呼ぶ．日本では，準天頂衛星システムを宇宙航空研究開発機構（JAXA）が開発中であり，既に2010年9月には準天頂衛星初号機「みちびき」が打上げられており，その後3基の衛星を打上げ，4基体制で運用することになっている．また，さらに3基増やして7基体制を目指す予定である．

7.1.3 GPSの測位方法

　現在のところ，通常のGPSは，単独測位と呼ばれる測位方法を採用しており，受信機1台で，4機以上の衛星からの距離から絶対位置を求めるため，既知点を要しない．単独測位では，精度が上がったとは言っても誤差は数mから場合によっては100mを超える場合もある．自動車のカーナビゲーションシステムが，これだけ誤差があっても，正常に動作しているように表示できるのは，自動車は道路内を走行しているはずだという前提がソフトウェアに組み込まれているからである．いずれにしても，単独測位は，測量に利用できるレベルではない．

　そこで，予め正確な測量を行った既知点に受信機を設置し，そこから離れた箇所に受信機を置いて，相対的に計測を行う相対測位が用いられる．相対測位は，大きくディファレンシャル法と干渉測位法に分けられる．

ディファレンシャル法では，単独測位用の受信機を既知点に置き，そこでの測定誤差を計測し，他の測位したい位置に受信機を設置してGPSによって得られた測位データから先の測定誤差分を差し引いて，補正する方法である。この方法を用いても誤差は，3〜5mはあるので，やはり測量に用いることはできない。

干渉測位法とは，複数の既知点と未知点に受信機を置き，4個以上の衛星からの電波を受信し，その位相の観測値に基づいて受信機間の距離を求め，衛星と受信機の距離と共に，未知点の座標を求める方法である。干渉測位法は大きく，スタティック法とキネマティック法の2つに分類され，各々さらに細かく方法が分類されている。建設分野では，未知点の受信機を移動させながらリアルタイムに測位可能なリアルタイム・キネマティック法が広く利用されている。この方法に基づくRTK-GNSS（RTKはreal-time kinematicの略）では，測位誤差は数mmで，かなり高い精度となっている[2]。日本でも準天頂衛星システムが完成すれば，さらに精度が改善されると期待されている。

7.2　レーザ計測技術

7.2.1　レーザスキャナ

2000年頃から，レーザスキャナを用いた新しい測量技術が注目されるようになった。レーザ光線を発して，物体に反射して戻ってくる光線との位相差あるいは時間を計測することによって距離が高精度で計測できる技術である。位相差による方法に基づく機器はフェーズベーストシステム（phase-based system），時間による方法によるものはタイム・オブ・フライト（time of flight）方式と呼ばれる。レーザ光線を，ある範囲を対象に少しずつ角度をずらして面的に照射しながら反射光を計測することにより，その範囲にある地物表面の点群データを求めることができる。これがレーザスキャナの簡単な原理である。得られた点群データは，雲のように見えることから「ポイント・クラウド」（point cloud）とも呼ばれる。

7.2 レーザ計測技術

また,レーザスキャナにCCDカメラが搭載されている場合,計測された点の色情報（通常,RGB値）に基づいて,ディスプレイ上で点群データを表示する際に色付けすることにより,相当にリアリスティックな3次元モデルとして表現することが可能である。ただし,点と点の間の隙間から,本来は見えないはずの物体の点群も見えてしまうことが欠点である。

フェーズベーストシステムでは,計測できる最大距離は数百mであるが,点密度は非常に高く,測定に要する時間は短い。一方,タイム・オブ・フライト方式では,最大距離は1,000mを超えるが,点密度が低く,測定に時間がかかる。

レーザスキャナは,三脚の上に載せて測定する固定式地上レーザ計測,自動車の上に登載して移動しながら計測するMMS（Mobile Mapping System）,航空機（固定翼）やヘリコプタ（回転翼）等に登載して飛行しながら計測する航空レーザ計測の3つに分類することができる。移動しながら測位できるのは,移動体にGNSSとIMU（Inertial Measurement Unit：慣性計測装置）を登載することによって,計測しながらリアルタイムにレーザスキャナの現在位置と方向を正確に測定できるからである。

これら3つの計測技術の測定精度,測量範囲の規模,点密度,経済性と特記事項について,表-7.1に整理した[1)2)]。

表-7.1 レーザスキャナ

計測手法	測定精度	測量範囲の規模	点密度	経済性	特記事項
固定式地上レーザ計測	数mm程度	一回に測定できる範囲は狭い	2~5cm程度。フェーズベースト方式とタイム・オブ・フライト方式で異なる	コスト的に高い	現地に立ち入れない区域は計測できない
MMS	10cm程度	自動車が走れる道路等,長距離	10cm程度。ただし,自動車の速度による	コストはやや高いが,延長が長くなれば相対的に安い	自動車が進入できない区域は計測できない
航空レーザ計測	数10cm程度	非常に広い	0.5~1m程度	地上計測に比べて安価	高架橋下,トンネル内は計測できない

7.2.2 固定式地上レーザ計測

　固定式地上レーザ計測装置は，通常，三脚の上に置き，周辺にレーザ光線を照射しながら点群データを得るものである（写真-7.1）。測定精度は数mmと高いが，一回に測定できる範囲は狭く，道路等の平地では，レーザ計測装置が1.5mの高さにあるとすると，距離が25mを超えると路上の小石，砂粒などによる影響で誤差が大きくなる。また現地に入れない区域は計測ができない。点密度は，2~5cm程度であるが，フェーズベーストシステムとタイム・オブ・フライト方式で異なる。さらに，計測装置から近い場所は点密度が非常に大きいが，離れた場所や，水平な物体は点密度が小さくなる。一つの物体の計測を行うためには，少なくとも3方向から計測を行う必要があり，各計測によって得られた点群データを合成する必要がある。合成するためには，複数の目印となるコントロールポイント決めておき，それらが計測範囲に入るようにしておく必要がある。

　既設のエネルギー関係のプラントにおける機器の更新や配管工事などを行う前には，フェーズベースト方式の固定式地上レーザ計測機を用いて，1週間ほどかけて計測することが行われている。図面だけでは，実際の状況と異なっている場合，工事ができなくなることがあるため，時間とコストをかけても，レーザ計測によって正確な現状すなわち「アズビルト」（as-built）の状況を把握することが重要なのである。

写真-7.1　固定式地上レーザ計測器（左：全体，右：近影）

7.2.3 MMS

MMS（Mobile Mapping System）は3次元レーザスキャナ，GPS（全地球測位システム），加速度計とジャイロスコープからなるIMU（慣性姿勢計測装置），タイヤの回転から移動距離を計測するオドメトリ，およびデジタルカメラを同軸上に装備した移動体（車両）測量器で，走行しながら周囲の3次元点群データを効率的に収集できるシステムである（写真-7.2）。MMSは，公共測量作業規定における1/500の精度を持ち，30以上の自治体で公共測量として採用されている。MMSは，移動体測量による取得座標値と真の座標値とを比較した場合の絶対的な精度が10cm以下と比較的大きいが，一回の走行によって得られた点群データ間の相互の相対的な精度は1cm以下と比較的小さいという性質を持つ。従って，道路の各横断面の形状を相対的に精度よく計測できる。また，デジタルカメラによる画像と3次元点群データを重ね合わせて表示することにより，画像上の物体表面の任意の位置の座標を周辺の点群データから内挿することにより求めることができる。

MMSは，道路の計測を行う際，交通規制を行う必要がなく，点密度の場所による違いが小さく，長距離を計測すればコストが相対的に安くなるといった長所がある。一方，ビルの谷間などのようなGPSの電波状況が悪い地域や道路表面の凹凸が激しい区間では誤差が大きくなる。

写真-7.2　Mobile Mapping System

7.2.4 航空レーザ計測

航空レーザ計測は，航空機(固定翼)やヘリコプタ(回転翼)にレーザスキャナ，GPS, IMU, カメラ等を搭載し，上空から地表の点群データを計測する手法である（図-7.2）。非常に広い範囲を短時間で計測することが可能であるが，測定精度は数10cmのオーダであり，点密度は0.5～1m間隔程度である。通常，計測された点群データは，樹木や建物の屋上や屋根の表面にレーザ光線が反射して得られたものであるから，実際の地面の標高より高い場合が多い。こうしたデータをDSM（Digital Surface Model：数値表層モデル）と呼ぶ。一方，樹木や建物などの地物の高さを差し引いたデータをDTM（Digital Terrain Model：数値地形モデル）と呼ぶ。

国土地理院では，航空レーザ計測によって得られた標高データから，建物，橋梁などの人工構造物と樹木等の植生をフィルタリング処理等により除去したデータをもとに，10m間隔に内挿補間して得られたDEM（Digital Elevation Model：数値標高モデル）である数値地図10mメッシュ（標高）の全国整備を2008年に完了し，データの提供をしている。さらに，より高精度な数値地図5mメッシュ（標高）を都市部を中心に整備しながら，公表している。

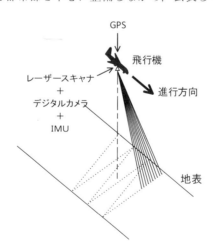

図-7.2　航空レーザ計測方法の概要

なお，2010年代前半から，UAV（Unmanned Aerial Vehicle：無人航空機）が注目を集めるようになった（写真−7.3）。ただし，数万円のおもちゃのようなものから数千万円の本格的なものまで幅が広い。通常のUAVでは，登載できる機器は軽いものに制限され，時には墜落する危険性があるため，重量があり高価なレーザスキャナを登載することは，今のところは難しい。現在は，カメラやビデオカメラを登載し，上空から写真や映像の撮影を行うことに用いられることが多い。カメラのデジタル写真画像から，次節で述べる写真測量技術（photogrammetry）によって3次元の点群データや3次元モデルを発生させることができる。

写真−7.3　UAVの写真（左：小型安価，右：大型高価）

7.3　写真測量技術による点群データの生成

写真測量技術は2枚の異なる場所から撮影された同一の地域を立体視することによって，等高線を描く方法で，昔から広く使われている。この原理をもとに，異なる場所で撮影したデジタル写真から特徴点を抽出し，特徴点の位置を計算することによって，自動的に点群データを生成させるソフトウェアが，2014年頃から容易に入手できるようになった。これらのソフトウェアは，点群データをつなぎ合わせてポリゴン化し，ポリゴンに画像をテクスチャ・マッピングに

よって自動的に貼り付けることによって，地表，都市，建物，人，芸術作品，遺跡等の3次元モデルを容易に作成することができる。レーザスキャナは非常に高価であるが，デジタルカメラと写真測量技術のソフトウェアだけで3次元点群データが得られるため，この方法は注目されている。しかし，精度はレーザスキャナ技術に比べると，かなり劣る。

そこで，精度を向上させるために，複数の角度を変えたカメラを登載し，同時に多くの写真を撮影できるオブリークカメラを航空機やヘリコプタなどに登載してジグザグに空を飛行して，非常に多くのデジタル写真を撮影して処理する方法が利用されている。この方法を用いると，図-7.3のように，直下視のみの垂直画像だけで作成したDSM（Digital Surface Model：数値表層モデル）よりも詳細に表現できることがわかる。ただし，精度は，レーザスキャナに比べればまだ低い。また，ソフトウェアの処理時間は非常に長く，写真の枚数が多い場合，丸一日くらいかかる。

図-7.3　オブリークカメラ登載の航空機から撮影された
写真から作られた3次元都市モデル

7.4 水中の地形や物体の計測

　海底や河床などの水中の地形や各種物体の計測には，以前より，SONAR（Sound Navigation and Ranging：ソナー）が用いられている。ソナー（あるいは，ソーナー）は，水中で音波（超音波）を発信し，地底や物体からの反射波を検知して，距離や方位，深さ等を探知する装置である。ソナーを使った潜水艦と戦艦との間の手に汗握る戦闘場面を映画で見たことがある読者も多かろう。

　ソナーには，一定方向にだけ音波が発信するシングルビーム方式，発信装置が横に首を振ったり，ぐるりと回転したりするサーチライト方式，多数の音波検知センサを半球の表面上に設置し，1回の発信で一度に検知ができるスキャニングソナー等がある。小型漁船の船底に搭載しているいわゆる「魚探」の多くは，シングルビーム方式である。広範囲の深浅測量などを行う場合は，サーチライト方式のソナーを備えたマルチビームソナー（図-7.4）が用いられる。

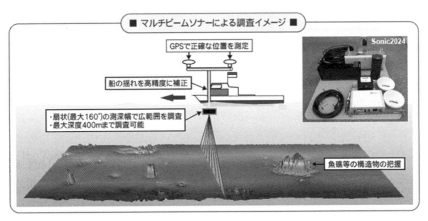

図-7.4　マルチビームソナーによる海底などの深浅測量のイメージ

　サーチライト方式のソナーを三脚あるいは台の上に固定し，河川に沈めることによって，橋梁の橋脚の洗掘状況を把握することができる。また，最近では，GPSを搭載した無人小型ボートに水深計測ソナーを設置し，河川や湖沼などを

予め指示したルートを進みながら深浅測量する機器も使われている。

　米国では，水中で3次元レーザスキャナを用いて高精度な物体の3次元点群データが計測できるシステムを開発し，原子力発電所の水中計測等に用いられている。

7.5　GIS

　GISは，Geographic Information Systemの略で，地理情報システムと訳される。GISとは，地理情報とそれに付加される種々の情報を，同一の座標系のもとに，コンピュータ内に一元的に作成，保存，管理し，様々な目的のために効率的に利用することを支援するシステムである。従来，地図は紙にインクで書き，印刷したものであった。1枚の地図に土地利用状況や地物の属性情報などを記入していくと，情報量が多すぎて人間の目では認識が困難となる。そこで，複数の薄く透明なプラスチックの板に目的別に色分けして描き，必要に応じて重ね合わせるといった工夫をしていた。しかし，こうした方法には手間と費用がかかる上に，土地利用の変化に対して迅速に対応し難いという欠点もあった。また，地図上のある区域の面積を求めるためには，プラニメータと呼ばれる機械で，境界線をなぞって換算するという面倒な作業が必要であった。

　GISはこうした問題を解決する画期的な方法として，かなり以前から行政やインフラ会社などで広く利用されている。基本となる等高線図，航空写真，緯度経度図，道路，鉄道，建物等の基盤地図，目的別土地利用図等を，各々レイヤー（層）として原寸で作成すれば，必要なレイヤーを選んで，その都度，重ね合わせて表示できるだけでなく，重なっている区域や排除されている区域など，論理演算によって求まる領域の面積を求めたり，そうした部分を抽出した別のレイヤーを作成したりすることが容易にできる。また，データはデータベースとして貯蔵されていることから，情報の更新が容易であり，なおかつ情報の更新履歴をきちんと残しておくことができるため，歴史的な変化を容易に示すこともできる（図 − 7.5）。

7.5 GIS

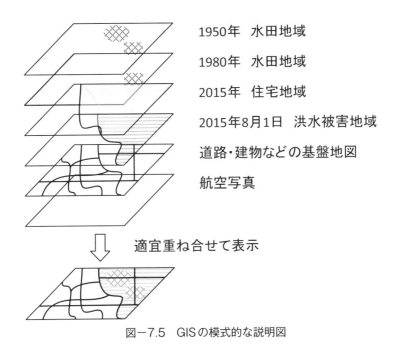

図-7.5 GISの模式的な説明図

　GISは，都市計画，固定資産税徴収のための土地家屋現況把握，区域のマーケティング，水道管・ガス管・送電線などの社会インフラの管理，災害危険区域表示，避難場所・進路表示などを目的に広く利用されている。

　もともと，GISは2次元であったが，近年，3次元GISの開発が進められつつある。地形については，先に記した国土交通省のDEMを用いれば，3次元モデルが作成でき，そこに，上下水道や電気・ガスなどの埋設管などの地下埋設物の3次元データを入力することにより，地下工事における事前調査やリスク管理が効率化できる。また，建物の2次元図を鉛直方向に引き延ばすことによって，建物の擬似的な3次元モデルを作成することができ，それらを集めて，都市3次元モデルを作成して，都市計画などに利用することも行われている。

　しかし，BIMやCIMが扱う構造物のモデルは，もっと細かく，部材レベルまで詳細に作り込むため，GISとの間にスケールにおいてギャップがある。さ

らに，GISは，緯度経度と標高という国家座標系を用いているが，BIM/CIMでは，通常の直交座標系（デカルト座標系）を用いており，統合化することは容易ではない．しかし，今後は，特にGISとCIMは統合化を図り，スムーズに両者を往き来できるような方法を見つけていく必要があると考えられる．

参考文献
1) 中村英夫, 清水英範：測量学, 技報堂出版, 2000.
2) 佐田達典：GPS測量技術, オーム社, 2003.
3) Jie Shan, Charles K. Toth (Eds.): Topographic Laser Ranging and Scanning: Principles and Processing, CRC Press, 2009.
4) George Vosselman, Hans-Gerd Maas (Eds): Airporne and Terrestrial Laser Scanning, CRC Press, 2010.

写真提供
写真-7.1～3
　（関西工事測量株式会社（2015年12月からKUMONOSコーポレーションに社名変更））
図-7.3
　（株式会社パスコ）
図-7.4
　（いであ株式会社）

第8章　地形と地層の3次元モデリング

前章で記したように，現在，種々の方法で3次元の地表面のデータが入手できる。こうした地表面のデータを設計や施工で利用するソフトウェアに入力すると，鳥瞰図を作成したり，道路の設計を支援してくれる。マニュアル通りに使えば，ソフトウェアの中で何が行われているかを意識しなくても，答えが出てくるが，そうした方法で仕事を行うことは，技術者あるいは技術を管理する立場にあるプロフェッショナル（専門職）にとっては不適切である。少なくとも，どのような理論や方法論で動作しているのかを理解しておくべきである。

Keywords

　TIN，ボロノイ図，ドロネー三角形，地層，地盤

8.1　地形の3次元モデリング

8.1.1　TIN

　地表面データはグリッド状であろうと，ランダムであろうと，通常，点の集合で表現される。グリッドデータから階段状の四角柱モデルに変換することもないこともないが，一般的には，TIN (Triangulated Irregular Network：不整三角網) モデルに変換される。

　TINとは，図-8.1に示すようなランダムに配置された地表面の点データが与えられた時，点を線分で結んで，三角形のメッシュによって地表面を表現したものである。そうした三角形のネットワークは，どの点とどの点を線分で結んで三角形にするかで，数多くのパターンが存在する。例えば，図-8.2に示すように，たった4つの点でも2つの異なる三角網ができる。点の数が増えれ

ば，作成できる三角網のパターン数はどんどん増えてしまう。数多くあるパターンのうち，どのパターンでも精度は同じなのだろうか。例えば，図-8.2の2つの三角網を比較すると，（a）のように三角形の形が平べったくない方が（b）のように平べったい場合よりも，より正確に地表面の形状を表現することができることが知られている。そこで，どのような配置で点データが与えられても，常に最適な三角網を唯一無二の解として描くことができる方法論が必要である。それを与えてくれるのが，ボロノイ図とドロネー三角形である。以下，詳細は文献[1]に譲るとして，本書では簡単に紹介する。なお，地表面の点群は，3次元空間に分布しているが，このまま扱うのでは大変なので，まず，標高データを取り除き，全ての点を平面に押しつける。

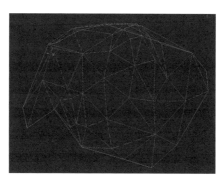

(a) 地表面をTINで表現したモデル

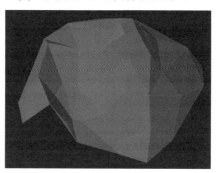

(b) 三角形の面をTINモデルに貼り付けた陰影図

図-8.1　TINのサンプル

8.1 地形の3次元モデリング

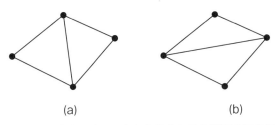

図-8.2　4つの点から作られる2種類の三角網

8.1.2　ボロノイ図とドロネー三角形

ボロノイ図とは,平面上に与えられた点集合に対して,どの点に最も近いかという基準で平面を分割したものである。図-8.3に6個の点(これらを母点と呼ぶ)に対するボロノイ図を示す。各母点の周囲の領域をボロノイ領域,領域の境界線をボロノイ境界線,境界線の交点をボロノイ点と呼ぶ。ボロノイ図の描き方は,近傍にある2点間で垂直二等分線を引いて交点を求めながら,領域を決定していく。なお,ボロノイ図は,任意の母点に対して一意的に決まる。

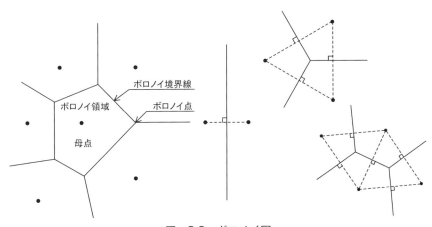

図-8.3　ボロノイ図

次に,ボロノイ図で,ボロノイ境界線で隣接しているボロノイ領域の母点をつなぐと通常は,三角形で分割でき,このようにして三角形で分割することをドロネー三角形分割といい,その図をドロネー図という(図-8.4)。ただし,

111

もしn個の母点が同一の円周上にある場合は、三角形の集まりではなく、n角形になってしまう（図-8.4（右））。ただし、一般的には地形を表す4つ以上の点が厳密に円周上に配置されることは極めてまれである。ドロネー図には、「平面上の点集合Pに対するドロネー三角形分割は、Pに対する三角形分割の中で最小の内角を最大にする」という数学的に重要な定理がある。

ボロノイ図とドロネー三角形分割に基づいて、現在のTINのソフトウェアは作成されているはずである。いろいろな形の地表面の点データを与えて、TINを発生させ、本当にドロネー三角形分割になっているか確かめてみたら良い。

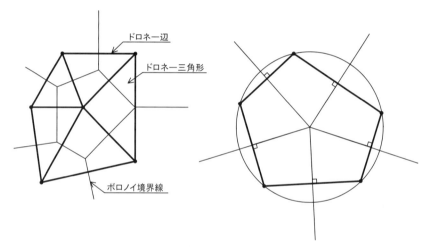

図-8.4　ドロネー三角形（左）とn角形になった場合

8.1.3　TINへのテクスチャ・マッピング

TINはワイヤフレームモデルであるから、次に、TINモデルの各三角形をポリゴンに変換すれば、サーフェスモデルとなる。全てのポリゴンの上に、航空写真や衛星写真のデジタルデータを鉛直上方からテクスチャ・マッピングを施せば、容易に3次元の地表モデルができ、道路やダムなどの計画を行う際に役立つ（図-8.5）。また、TINは、道路や河川構造物のように地形に変更を加える構造物の3次元設計を行う際の基本データとなる。

8.1 地形の3次元モデリング

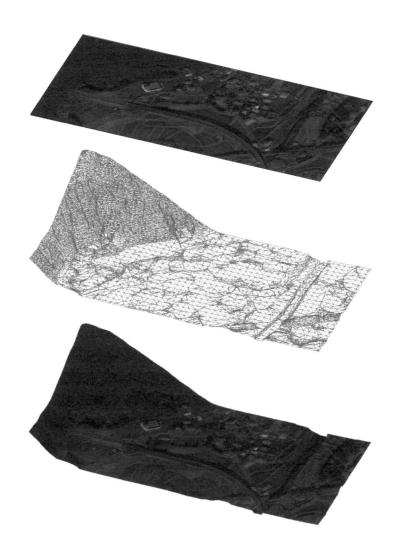

図−8.5 TINに衛星写真をテクスチャ・マッピングを施した3次元モデル

8.2 地層の3次元モデリング

　地層は，平面図でほぼ直線の上に並ぶボーリング孔のボーリングデータやAE（Acoustic Emission）法等の物理探査手法のデータ，地形図等から，地質学者や地盤技術者によって地盤の鉛直断面上に描かれる。こうした鉛直断面の地質断面図が，現場領域内でネットワーク状になると，地質構造が3次元的に把握できるようになり，地質断面図間を内挿あるいは外挿して描くことができるようになる。地層境界面は，地表面と同様に，TINで表現することができる。

　地層境界面からすぐ下の地層境界面までの地層は中身が詰まっているが，TINモデルだけでは中身がないため，ソフトウェアでは中身を何らかの方法で埋めて，ソリッドモデルにする必要がある。地層を小さな立方体で埋め尽くすVoxelモデルやそのデータ量を減らしたOctreeモデルもあるが，データ量が膨大になるため，あまり使われていない。本書では，一般的に用いられているUpper Surface Methodを紹介する。

　まず，図-8.6に示すように，各地層にLayer 1, Layer 2, Layer 3といった具合に名称を付ける。次に，TINで表現される地層境界面に，S1, S2, S3といったように名称を付ける。Sはsurfaceの頭文字で，1, 2, 3といった番号は，地層境界面のすぐ下の地層の名称の番号である。

　例えば，図-8.6において，S1は地表面であるが，すぐ下の地層がLayer 1であるから，S1と名付ける。しかし，同じ地表面であっても，すぐ下がLayer 4になっている部分があるため，図-8.6の右の方の地表面にはS4と名付ける。

　また，Layer 5のようにオーバーハングした部分があるレンズ状の地層については，あくまで地層境界面のすぐ下のLayer番号を用いるため，図-8.6に示すように，サーフェスを細かく分割し，一貫性をもって地層境界面に名称を付ける。

　トンネルなどの人工的な地下空洞や自然にある空洞等は，Cave 1, Cave 2といった具合に命名し，空洞上部の境界面は，C1, C2のように名付け，空洞下部の境界面は，その下の地層のLayer番号からS2のように名付ける。

8.2 地層の3次元モデリング

このようにモデル化すれば，各地層内の任意の点において，その点がどの地層に属しているかは，点から鉛直上方に直線を伸ばしていき，最初に当たる地層境界面の名称を参照し，その番号からその点のLayer番号が自動的に認識することができる[2]。これにより，Voxel等で空間を埋め尽くさなくても，全ての点で中身があるかどうか，あるのであれば何があるのか，ということを表現することができるわけである。この方法は，上側境界面（upper boundary surface）法と呼ばれることがあるが，決まった呼び名があるわけではないようである。

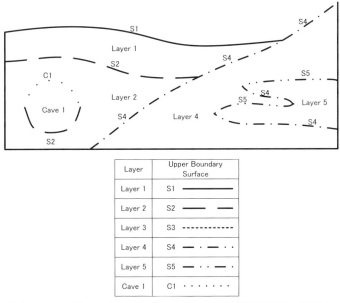

図-8.6　Upper Boundary Surface法による地層の3次元モデリング[2]

実際に市販のソフトウェアで作成した3次元地盤モデルを二つの図で示す。図-8.7はマンションの基礎と地層を表している。図-8.8はトンネルと周辺の地層，ボーリングデータを表している。ボーリングデータとしては，N値が，ボアホールを示す細長い鉛直な円筒の右横に折線グラフで示されている。

115

第8章 地形と地層の3次元モデリング

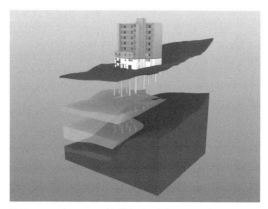

図-8.7 マンション,基礎および地層の3次元地盤モデル

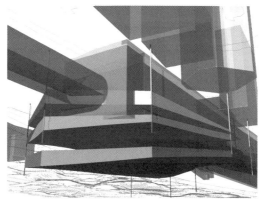

図-8.8 トンネル,ボーリングおよび地盤モデル

参考文献
1) 矢吹信喜,蒔苗耕司,三浦憲二郎:工業情報学の基礎,理工図書,2011.
2) Nobuyoshi Yabuki: Representation of Caves in a Shield Tunnel Product Model, Proceedings of the 7th European Conference on Product and Process Modelling, pp.545-550, 2008.

写真提供
　図-8.7/8.8
　（応用地質株式会社）

第9章　道路等の線形構造物の計画と設計

　土木構造物の多くは，道路，鉄道，トンネル，水路，河川構造物等のように，横断面は比較的小さく，水平方向に非常に長い線形構造物が多い。こうした線形構造物を設計し，掘削盛土の数量まで求められるソフトウェアは30年以上前から販売され，欧米を中心に使用頻度は高い。本章では，トンネルや橋梁を除く土工によって施工される道路の3次元設計ソフトウェアの機能を紹介し，デファクトスタンダードとなっているLandXMLにも触れる。

Keywords

線形モデル，土工量，LandXML，IFC-Alignment

9.1　道路の3次元設計ソフトウェアの概要

9.1.1　平面線形

　前章で地形のTINモデルデータとサーフェスに航空あるいは衛星写真をテクスチャ・マッピングした3次元モデルなどをよく見て，まず，道路中心の平面線形を3次元モデルに中に描きながら入力する。標高は通常，0mとする。平面線形は，一般道路の場合は，直線と円弧であるが（図-9.1（a）），高速道路の場合は，直線と円弧の間に緩和曲線が入る（図-9.1（b））。円弧の回転半径は，道路の規格などに合わせて，適切な値を選ぶ必要がある。緩和曲線は，高速道路の場合，通常，クロソイド曲線（clothoid curve）が用いられる。クロソイド曲線とは，図-9.1（b）に示すように，道路中心線の距離と曲率（円弧の回転半径の逆数）が線形関係にあるような曲線である。運転手が，直線区間から曲線区間に入り，ハンドルを一定の回転速度で操作すると，自動車はクロソイド曲線上を走ることになる。適切な緩和曲線区間がないと，高速道路で

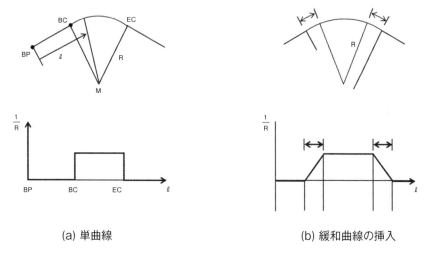

(a) 単曲線　　　　　　　　　　(b) 緩和曲線の挿入

図-9.1　直線と単曲線の平面線形（a）と緩和曲線が挿入された平面線形（b）

は，自動車が曲線区間で車線をはみ出すか，急ハンドルを切ることによる事故が発生する可能性があり，危険である。

9.1.2　縦断線形

次に，平面線形に基づく地表面の縦断面をソフトウェアに自動的に描かせる。縦断面は，本来は，曲面であるが，これを水平に引っ張って平らに引き延ばしたような平面として描き，さらに，鉛直方向と水平方向で縮尺を変えて表現することができる。これは，標高の差の幅が，水平方向の距離に比べて小さすぎて，画面上で違いが認識できないことが多いからである。縦断面の地表線の形状を見ながら，道路中心の縦断線形を直線と円弧，2次曲線，3次曲線，サインカーブなどを組み合わせて入力する（図-9.2）。

この際，最急勾配などの規格に注意しつつ，なるべく，掘削や盛土が大きくならないような縦断線形を描くことが重要である。

平面線形と縦断線形を合わせることによって，3次元の中心線形ができあがる。

9.1 道路の3次元設計ソフトウェアの概要

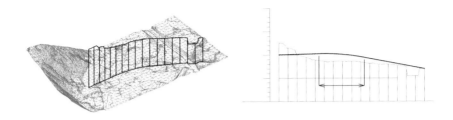

図-9.2 縦断面と縦断線形, 縦断曲線

9.1.3 横断面

次に, 道路の切土部と盛土部の各々標準となる横断面を描きながら入力する。一般的に, 切土の法面は急勾配だが, 盛土の法面は緩勾配とすることや, 小段を一定の高さ間隔に設定する。横断面の例を図-9.3に示す。

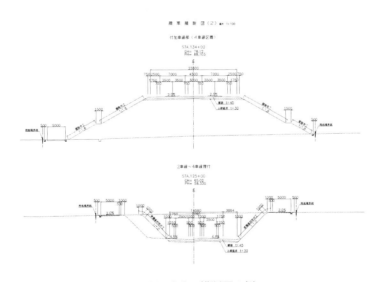

図-9.3 横断面の例

9.1.4 道路の3次元モデル

ここで, 地表面のTINデータと道路の平面・縦断線形, 横断の標準断面を合わせることにより, 図-9.4のように, 切土, 盛土をソフトウェアが自動的に

119

求め,法面や法肩の形状まで3次元的に表現される。さらに,道路の出発点から一定間隔(通常,20m)の各ステーションにおいて,地表線を含めた横断面図が自動的に出力される(図-9.5)。

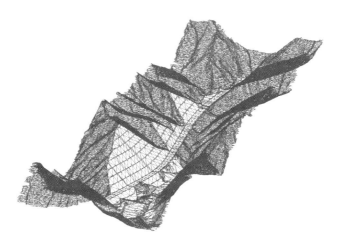

図-9.4　道路の3次元モデル

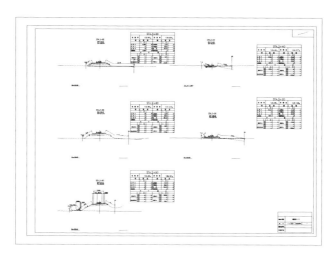

図-9.5　各ステーションの横断面図

9.1.5 土工量計算

次に，切土，盛土の土工量を自動的に求めることができる。方法としては，①非常に細かいグリッドを発生させ，切土，盛土の範囲におけるグリッドの各格子点における道路の標高と地表面の標高の差分を計算し，差分に格子1個の面積をかけ算して柱状の体積を求めて合算する方法と，②平均断面法による方法の2種類がある（図－9.6）。

①の方法の方が，グリッドの間隔を非常に小さくすれば，計算精度は極めて高くなるが，切土，盛土の土工量の値しか出力されないため，正しいのかどうかを人間が手計算で確認することができない。一方，②の方法は，従来の手作業による設計をそのままコンピュータにやらせており，各横断面の切土，盛土の面積が出力されるため，後で人間が検算することができる。いずれにしても，プログラムでほぼ自動的に計算できるため，作業量や時間に差があるわけではない。

①の方法は，比較設計のように複数のプランについて土工量を計算する際に便利であり，②の方法は，最適な設計が決まった後の提出用に利用すると良いかもしれない。

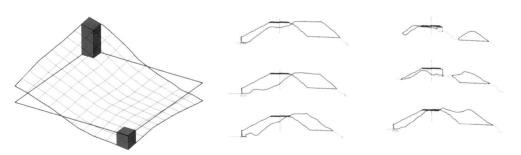

①グリッドによる方法　　　　　　②平均断面法

図－9.6　①グリッドによる方法と②平均断面法による土工量計算

9.2 LandXMLについて

9.2.1 LandXMLの開発・利用の経緯

　LandXMLは，米国のネイサン・クルーズ（Nathan Crews）氏によって2000年から，前節で説明した道路の3次元設計ソフトウェアによって作成される設計データの標準化を図るために開発されたオープンソースのXMLのスキーマである．データモデルとして，構造が単純でわかりやすいことから，2000年代半ばには，欧米先進諸国でデファクトスタンダードとして，広く利用されるようになった．

　ここで，XMLとは，Extensible Markup Languageの略で，「拡張可能なマーク付け言語」と訳されている．簡単に言えば，タグと呼ばれる＜と＞で挟まれた特定の文字列で，地の文やデータに情報の意味や構造，装飾などを埋め込んでいくための言語である．似たものにインターネットのウェブサイトでおなじみのHTML（Hypertext Markup Language）があるが，HTMLではタグが固定化されており，ユーザが独自のタグを指定することができない．一方，SGML（Standard Generalized Markup Language）は，汎用のメタ言語でありISOで標準化されたマークアップ言語であるが，巨大で一般の人々が使わないような機能まである．そこで，SGMLを簡略化し，より使いやすく手直ししたものがXMLであるといえる．

　スキーマとは，データベースの用語であり，あるデータベースを開発する際，どのようなデータ構造にし，データの属性はどうするか，といったことを定義する抽象化された概念である．データベースの中に貯蔵されている具体的なデータはスキーマに含まない．スキーマはXMLで記述することができ，一方，スキーマに基づいて，具体的なデータや文，言葉などを埋め込んだものもXMLで記述される．両者を混同しないように注意する必要がある．

　LandXMLは，LandXML.orgという非営利のコンソーシアムによって運営され，世界各国に散らばるメンバー達のインプットと批准によって，スキーマを開発，更新している．一時期，創始者であるクルーズ氏が活動を停止した

9.2 LandXMLについて

ため，多くのユーザが心配したが，その後，再開し，2013年11月現在で，757名のメンバー，664団体，41カ国が関与し，70個のソフトウェアが登録している。2008年8月にLandXML 1.2がこの団体によって承認され，2014年6月にLandXML 2.0のドラフトが提案された[1]。

LandXMLのデータ階層を図-9.7に示す。なお，我が国においては，以前は，国土交通省国土技術政策総合研究所（国総研）が日本独自の線形データモデルを策定したが，LandXMLが世界のデファクトスタンダードになったため，「LandXML1.2に準じた3次元設計データ交換標準（案）」[2]を2013年3月に発行している。

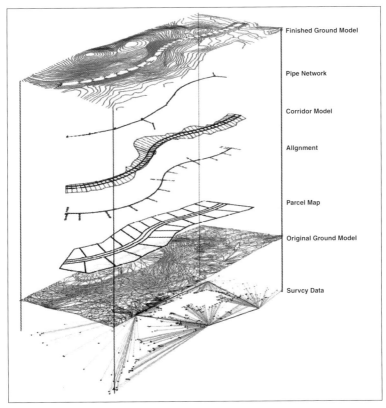

図-9.7　LandXMLのデータ階層

9.2.2 LandXMLのスキーマ

LandXMLのスキーマには，表－9.1に示すような主となる16個の要素がある。全体のデータモデルとしてのスキーマを大分類したものと考えて良い。これらの要素の下に各要素を構成するいくつかの細かい要素があり，さらにその下にさらに細かい要素が付くといった階層構造をしている。

表－9.1　LandXMLの主な要素

No.	要素名	内容
1	Units	単位（長さ，面積，体積，角度など）
2	Coordinatesystem	座標系
3	Project	プロジェクト名
4	Application	アプリケーション名
5	CgPoints	座標点の集合
6	Alignments	中心線形および横断形状
7	GradeModel	勾配モデル
8	Roadways	道路構成要素の集合
9	Surfaces	地形モデルのサーフェス
10	Amendment	改定履歴
11	Monuments	基準点情報
12	Parcels	区画データ
13	PlanFeatures	計画機能
14	PipeNetworks	配管網
15	Survey	測量データ
16	FeatureDictionary	拡張したフィーチャ辞書

例えば，No.6の中心線形および横断形状を表すAlignmentsという要素の下には，Alignmentという単数形の名称の要素が付く。これは，一つの道路システムを構成する中心線形は複数の中心線形の集合だからである。Alignmentの下にはProfileやCrossSects等の要素が付く。Profileは縦断線形，CrossSectsは横断面を表す。横断面は1本の中心線系に複数存在するので複数形だが，縦断線形は1本であるから単数形となる。図－9.8にAlignmentsを構成する主な要素の階層図を示す。Profileの下には，地表面の縦断を表すProfSurfと縦断

9.2 LandXMLについて

中心線形を表すProfAlignがあり，後者には，ParaCurve，UnsymParaCurve，CircCurve等があり，CircCurveにはlength，radious等の基本的な属性が含まれる。

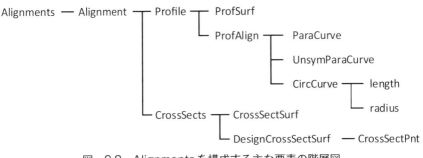

図−9.8　Alignmentsを構成する主な要素の階層図

地表面の地形データを表現するNo.9のSurfacesを構成する主な要素の階層図を図−9.9に示す。要素Surfaceの下に，SourceData，WaterSheds等があり，前者は，さらに，Contours，Breaklines，DataPointsに分類され，Contoursは，Contourになり，さらにPntList 2Dへ，DataPointsはPntList 3Dで構成される。等高線（contour）は，なぜ2次元の点データのリストであるPntList 2Dで良いのかと言えば，Z値は各等高線では同じであるから，属性として別に与えれば良く，わざわざ3次元座標として与える必要がないからである。一方，地表で測量した点のデータDataPointsは3次元の座標値が必要であるから，PntList 3Dで構成されるのである。

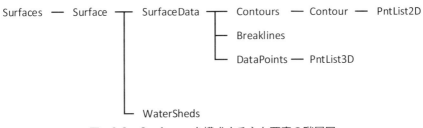

図−9.9　Surfacesを構成する主な要素の階層図

9.2.3 LandXMLのMVD

　LandXMLは，地形モデルや道路線形，道路構成要素等を表現するためのデータモデルであって，これをコンピュータのディスプレイ上でどのように表示すべきか，という点については何ら規定されていない。そのため，ソフトウェアごとに，開発者が表示方法を自由に決めてしまい，ユーザに無用の混乱を与える可能性がある。そこで，フィンランドの国立技術研究所VTTでは，LandXML 1.2のMVD（Model View Definition）を2014年に開発した[3]。LandXMLは，第11章で記す「情報化施工」で建設機械に与える道路に関する3次元データの標準となっていることもあり，LandXMLは当分の間，道路モデルのデファクトスタンダードであり続けると考えられていることから，MVDの開発は有用なものと評価される。

9.3　IFC-Alignment 1.0

　第6章で記述したように，2013年10月にbSI Infrastructure Roomで土木分野のプロダクトモデルの標準化への作業が開始され，最初の開発項目として道路等の中心線形であるalignmentが選定された。この時，作業範囲として，IFC4スキーマを拡張してIFC-Alignmentを開発すること，道路，橋梁，トンネル，水路，河川などで利用可能な汎用的な線形を定義すること，横断面，地形，道路構造などの要素は含めないことが合意された。中心線形（alignment）は，以前から広く採用されている作成方法に基づき，平面線形と縦断線形を合成したものとした。図-9.10および図-9.11に平面線形と縦断線形の概念的なモデルを示す。2015年3月に，IFC-Alignment 1.0が完成し，同年10月，IFC-Aligement 1.1の開発プロジェクトを開始した。

　中心線形とは別に，韓国のKICT（Korea Institute of Construction Technology：韓国建設技術研究院）では，道路の3次元プロダクトモデルであるIFC-Roadを独自に開発している。一方，鉄道の3次元プロダクトモデルとしては，中国の清華大学を中心としたCRBIM（China Railway BIM）Alliance（中国鉄道BIM同盟）

9.3 IFC-Alignment 1.0

がIFC-Railwayを開発中である。両プロダクトモデルは，bSIインフラ分科会で将来の標準とすべく検討を開始している。

Horizontal alignment

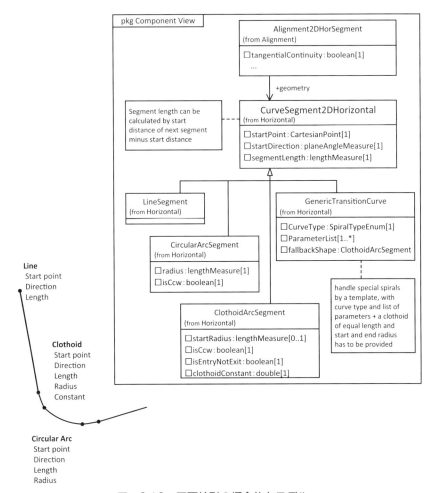

図−9.10　平面線形の概念的なモデル

第9章　道路等の線形構造物の計画と設計

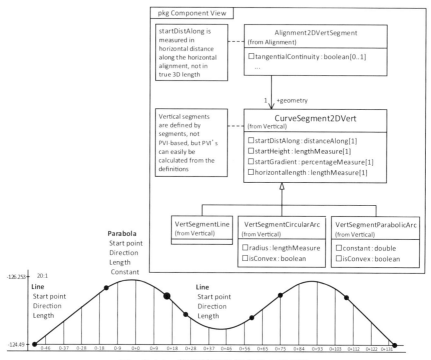

図－9.11　縦断線形の概念的なモデル

参考文献
1）LandXML.org: http://landxml.org/
2）国土交通省国土技術政策総合研究所：LandXML1.2に準じた３次元設計データ交換標準（案），2014.
3）VTT: LandXML v1.2 Model View Definition, 2015.

写真提供
　図－9.1~9.6
　（GSA株式会社）

第10章　構造物の設計とCIM

　本章では，構造物の設計とCIMに関して記すが，まず，そもそも設計とはどういう行為なのかについて論じ，CIMの必要性を探る。次に，設計の中で重要な作業の一つである解析に焦点を当て，製造業におけるCAE（Computer Aided Engineering）と建築・土木のBIM/CIMの違いについて説明する。次に，設計におけるモデリングでどこまで詳細なモデルを作るかというLOD（Level of Development）について，例を挙げながら説明する。最後に，パラメトリックに部材をモデリングする手法や予め部材のライブラリを作っておく手法など，モデリングの効率化について簡単に触れる。

Keywords
設計，CAE，解析，シミュレーション，LOD，パラメトリック・モデリング，ライブラリ

10.1　構造物の設計

　構造物の設計という行為は，例えば数学の計算で言えば，$x+5=8$という方程式の解を求めるように，一意的に決まるものではなく，$x+y-z=10$のようないくつかの未知数がある方程式の答えを，$x+y<15$といった制約条件があり，$y-z$が小さければ小さいほど良いといった尺度がつけられた中で，見いだすといった問題に似ている。

　上記の問題の場合，答えとなる (x, y, z) の組合せは無数にあり，一意的に決まらないが，答えの良否を評価することはできる。設計で言えば，こうした条件は安全性，コスト，便利さ，使用性，耐久性，施工のしやすさ，美観や環境への影響等，数多くあり，それぞれが非線形的に絡み合っている。また，

答えとなる変数は，形式，形状，寸法，材料，色等，数が多く，やはり相互に絡み合っている。従って，全ての条件を満足するような答えを最初から求めるのは極めて困難である。

　こうした答えが無数にありながら，いろいろな条件を満足しなければならない設計のような問題は，不明確な問題（ill-defined problem）に分類される。一方，答えが一直線に求まるような問題は，明確な問題（well-defined problem）という。不明確な問題を解く方法として一般的に用いられているのは，ジェネレート・アンド・テスト（generate-and-test）と呼ばれる手法である。この方法は，まず何か答えに近いだろうと思われるような形式，形状，寸法，材料で設計図を描く。これが，ジェネレート（生み出す）という行為である。なぜそのような図面が描けるのかと問われると明確な答えに窮するが，設計者は数多くの他の設計事例を普段から勉強しており，自分なりの設計経験から，多分これくらいだろうという推測がつくわけである。

　しかし，最初に仮定した設計案は，諸条件を満足しているかどうかわからない。そこで，諸条件を満足しているかどうかチェックする必要がある。それがテスト（チェック）である。テストでは，土木構造物の場合，実物を現場に作ってチェックするということはできないから，通常は計算や解析によるシミュレーションを行ったり，絵を描いたりして適否を判断する。もし，満足していなければ，即，ジェネレートのやり直しあるいは設計案の修正を行い，再テストを行う。これを繰り返し，全ての条件を満足する設計案に達すれば，一応の完成となる。しかし，その設計案が最適かどうかは不明である。そこで，まず何が最適かという定義を行った上で，ジェネレート・アンド・テストの方法によって，形状や材料を変えて，諸条件を満足する複数の設計案を作成し，解の最適化を行う[1]。

　これが設計のあるべき姿なのであるが，計算や解析などのシミュレーションでは，入力データの作成に多大な時間と労力がかかるため，あまり数多くの比較検討による設計の最適化は実際上，難しい。そこで，多くの場合，3つの大まかな比較案を作成し，コストが最も安いものを最適とし，詳細な設計は，そ

の最適案をベースに進めるといった方法が採用される。しかし，言うまでもなく，これが本当に最適かと問われれば，当たらずといえども遠からずというのが正直なところであろう。

　CIMは，設計計算や解析等のシミュレーション・ソフトウェアや3次元CADソフトウェア等との間で，3次元プロダクトモデルを介して，形状や属性データを相互運用できるため，3次元CADで作成した形状や属性データがそのまま設計計算や解析に使うことができる。従って，形状などを少しずつ変えながら，相当な回数，計算や解析を行うことができ，より良い設計，より最適解に近い設計を実現することができるようになるのである。

10.2　製造業のCAEとBIM/CIMの違い

　前節の記述から，CIMでは3次元CADで作成した構造物のモデルデータがすぐに設計計算や解析ソフトで入力データとして利用できる，という印象を持った読者が多かろう。しかし，現実はそれ程やさしくはない。

　3.4で触れたように，自動車や航空機，船舶などの製造業の場合，ボディを3次元CADでモデル化すれば，若干手を加えなければならないものの，ほぼそのままのモデルデータを有限要素解析手法に基づく静的・動的構造解析，熱流体解析などのシミュレーション・ソフトに入力データとして利用することができる。解析結果はカラーでグラフィカルに表示され，応力や変位あるいは温度，流体の流れの様子すぐにチェックでき，その結果からボディの形状や材料などの諸元をCADで変更し，再度チェックという流れとなる。1970年代から利用されているCAD/CAEである。

　ところが，土木・建築の場合，このようには行かないことが多い。そもそも，土木・建築分野は，コンピュータがない時代から設計計算を行っていることから，大半の設計に用いられる手法は，手計算を前提に作られている。そのため，3次元では計算が難しいから，まず2次元に近似し，次に厚さや幅等のデータ

を属性とした線状あるいは三角形や四角形などの単純形状のモデルに変え，さらに外乱（外力など）も大胆に集中荷重や等分布荷重等にモデル化してしまう。これまでの多くの土木・建築の設計や解析ソフトウェアは，大なり小なり，従来のこうした手法を踏襲しており，設計基準類もそうした考え方に基づいて記述されている。そのため，せっかく3次元CADで橋梁やビルディングの3次元モデルを作成しても，設計計算や解析ソフトに入力データとして直接利用することは困難なのである。では，土木の3次元解析ソフトがなぜ存在するかと言えば，2次元で設計した形状で本当に大丈夫かということを3次元で確認するためなのである。

IAI日本の構造分科会では，この問題に早くから目を付け，BIMのプロダクトモデルIFCと日本国内の構造計算・解析ソフトとの橋渡しをする連携用標準フォーマットである「ST-BRIDGE」[2]を開発している。STは構造（structures）を意味し，BRIDGEは橋渡しをするという意味であり，橋梁ではない。ST-BRIDGEはXMLを使用しており，ソフトウェアを開発しているベンダにとってコンバータ・プログラムを作成しやすいと評価されている。また，こうした日本の取組みは，bSIでも高く評価されている。

一方，土木分野ではまだST-BRIDGEのような取組みはされていない。CIMが普及してくれば，早晩その必要性に多くの技術者が気付くはずである。しかし，そのためには，まず，IFC-BridgeやIFC-Road等のプロダクトモデルが国際標準になるくらいのレベルに達する必要がある。それまでは，民間のソフトウェア会社は，自社のソフトウェア群でファミリー化を図り，ユーザの囲い込みに精を出すと考えられる。

10.3　LOD

10.3.1　CGにおけるLOD

2013年頃から，日本でもLODという言葉がBIMの世界で頻繁に耳にするようになった。LODは，コンピュータグラフィクスの分野では，Level of Detail

10.3 LOD

の略で，詳細度と訳され，様々な目的で異なった使われ方をしている．なお，BIMの世界では，LODは次項で記すように別に定義されている．

　CGで人や物を表現する際は，ポリゴンあるいは曲面を用いる．例えば人間の顔を表現する際に，10個くらいのポリゴンを用いれば，かなりゴツゴツとした粗いモデルになるが，もし100万個くらいのポリゴンを用いれば，相当にリアルな表情も表現できる精緻なモデルとなろう．前者はLODが低く，後者は高いという．

　CGで数多くのビルディング等の地物の３次元モデルを上空から見ながら移動するような映像をリアルタイムに表示する場合，近いビルも遠いビルも同じような細かさで画面上に表示しようとすると，計算時間がかかり，コマ落ちして，スムーズな映像にならないことがある．そこで，遠方の地物は細かさを落として表示する技術がある．この場合の細かさをLODと称することがある．

　CGで３次元物体を表現する際，予めデジタル写真で撮影して，３次元モデルにテクスチャ・マッピング手法で貼り付けて作成することがある．その際，貼り付けるデジタル写真の解像度が高ければ，よりリアルに見え，逆に低ければ，リアリスティックでなくなる．この解像度をLODと呼ぶ場合もある．

　いずれにしても，CGにおけるLODは，表面的な見え方による詳細度を意味しているのである．

10.3.2　BIMにおけるLOD

　BIMにおけるLODは，Level of Developmentの略であり，Detailではない．日本語ではCGにおけるLODと同じように，詳細度と訳されているため，誤解や混乱が生じている．BIMを採用したプロジェクトにおいて，計画，設計，施工，維持管理といった段階によって，あるいは，意匠，構造，設備，積算といった目的によって，３次元プロダクトモデルに要求される詳細度のレベルは異なる．それは，部材の形状，寸法，個数，有無，色，材質や製造会社などの属性など多岐にわたる．従って，BIMのLODは，CGよりもより複雑であり，表面的な見え方だけでなく，属性も含まれているのである．

133

柱を例に取ると，計画段階では，柱は単なる直方体や円柱で色も灰色で良く，属性はなくても問題はない。意匠設計では，柱の形状や色はリアリスティックなものが必要とされ，構造設計では，柱の配筋状況，他の部材との接合部の詳細が必要とされるだろう。施工段階では，ボルトやナットなどの接合部のさらなる詳細，貼り付ける壁紙や塗装，二次製品であれば，製造会社，型番などの属性情報なども必要となる。

設計者や施工者は，各段階において，3次元モデルをどこまで作り込んだら良いのか迷うだろう。発注者が必要以上に詳細なモデルを要求すれば，コスト増につながる。そこで，米国のAIAは，2008年にはLODの検討を始め，2013年に「ガイド，説明および解釈」[3] を発行し，その中で，LODはライフサイクルにおける5段階に応じた必要最小限の内容であると解説している。また，BIMForumのLODワーキンググループでは，2011年から，LODの仕様の検討を開始し，2013年に「LOD仕様書」[4] を発行した。その中では，基本的なLODは，LOD 100，LOD 200，LOD 300，LOD 350，LOD 400，LOD 500の6個であり，各々のレベルについて，表-10.1に示すように定義されている。

日本では，国土交通省大臣官房官庁営繕部によって策定された「官庁営繕事業におけるBIMモデルの作成及び利用に関するガイドライン（平成26年3月）」（以下BIMガイドラインと称す）[5] が発表されている。BIMガイドラインでは，詳細度を「BIMモデルの作成及び利用の目的に応じたBIMモデルを構成するオブジェクトの詳細度合いをいう」として定義づけている。その詳細度の目安を，設計業務においては，①基本設計方針策定のための詳細度，②基本設計図書作成のための詳細度，③実施設計図書作成のための詳細度，及び④工事における完成設計図等作成のための詳細度の4ケースに分けられている。なお，BIMガイドラインは，基本設計，実施設計，工事完成などの利用シーン別にモデル化する部位（構造耐力上主要な柱・梁など）が規定されているが，各要素の詳細度については，利用目的に応じて確認するとされており，具体的な詳細度は明記されていない。

10.3 LOD

表−10.1 BIMForumによるLODの定義

レベル	定義
LOD100	記号や概略形状で表す。属性情報は単位体積当たりなど一般的な値を用いる
LOD200	形状や配置は近似値で表す。属性情報は概算の数量や諸元がモデルに紐付けられる
LOD300	固有の形状や配置で表す。属性情報は各要素について正確な数量や諸元がモデルに紐付けられる
LOD350	固有の形状や配置で表すと共に他の要素の配置についても表す。属性情報は他の要素との接合状況などを含めた正確な数量や諸元がモデルに紐付けられる
LOD400	固有の形状や配置で表すと共に接合部材についても表す。属性情報は接合部材の情報も含めた固有の正確な数量や諸元がモデルに紐付けられる
LOD500	現地と同様の形状や配置で表す。属性情報は現地の正確な数量や諸元がモデルに紐付けられる竣工モデルである

10.3.3 CIMにおけるLOD

　土木構造物を対象としたLODの標準化された仕様は未だどの国からも発表されていない。2016年度に国土交通省は，産学官CIM検討会などの成果をもとに「CIM導入ガイドライン」を発表する予定であり，その中にLODの仕様が盛り込まれると目されている。

　筆者らは，研究として土木構造物のLODを2014年度に提案した。一つは，河川構造物のうち樋門・樋管を対象としたもので，BIMForumのLOD仕様を参考にしながらも，今後の維持管理を主眼に置き，ひび割れや傾倒，段差等の変状のLODも定義した[6]。もう一つは，プレストレスト・コンクリート（PC）橋梁のLOD仕様の提案であり，表−10.2と図−10.1に示す[7]。これらは，あくまで研究であり，標準的な仕様を目指したものではない。

　一方，英国のRIBA（Royal Institute of British Architects：王立英国建築家協会）が開発したLOD（Level of Development）は，画像的詳細度のLOD（Level of Detail）と属性の詳細度のLOI（Level of Information）に分け，組合わせてモデルの詳細度を表現しており，優れた方法だと思う。

第10章 構造物の設計とCIM

表-10.2 PC橋梁のLODの案[7]

LOD	モデルを構成とする要素		要素の経常
LOD1	橋梁		長方形
LOD2	橋台, 主桁, 横桁, 床版, 地覆		直方形
LOD2.5		＋支承, 伸縮装置	直方形, 円柱
LOD3	橋台, 主桁, 横桁, 床版, 地覆		
LOD3.5		＋支承, 伸縮装置	
LOD4		＋付帯構造物（防護柵・高欄）	実際の形状
LOD5		＋シース管・PC鋼材	
LOD6		＋鉄筋	

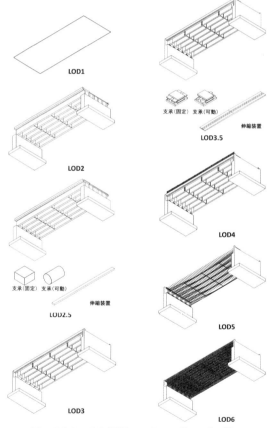

図-10.1 PC橋梁のLODのサンプル[7]

10.4 パラメトリック・モデリングとライブラリ

BIMの3次元モデルをCADで作成する際，梁，柱，壁，床，窓，ドアといった頻繁に使用する部材を毎回ゼロからモデリングして作成するのは時間がかかり，非効率的である。例えば，梁を例にすると，幅，高さ，長さ等のパラメータをインプットすると自動的に3次元モデルが出現すれば便利である。こうしたパラメトリック・モデリング（parametric modeling）機能は，最近の3次元CADソフトであれば，ほとんど付いているはずである。一説によれば，パラメトリック・モデリング機能が付いていなければ，BIMツールとは言えない，とまで言われているくらいである[8]。

これとは別に，建設機械や街灯等のような，3次元CADで数多くの要素を組合わせて作成したモデルを予め用意しておき，モデル空間内の適当な位置に設置することも，BIM/CIMで頻繁に行われる。このような事前に作られた3次元モデルはライブラリと呼ばれることがある。ライブラリもパラメトリック・モデリングと同様，作業時間の短縮に大いに貢献するものである。

参考文献

1) 澤木昌典，矢吹信喜，福田知弘，池道彦，下田吉之，惣田訓，松村暢彦，柴田祐，青野正二，上甫木昭春，久隆浩，吉村英祐，宮崎ひろ志：はじめての環境デザイン学，理工図書，2011.
2) 一般社団法人IAI日本：ST-BRIDGE，2015.
http://www.building-smart.jp/meeting/structure.php/
3) American Institute of Architects: Guide, Instructions and Commentary to the 2013 AIA Digital Practice Documents, 2013.
4) BIMForum: 2013 Level of Development Specification, 2013.
5) 国土交通省大臣官房官庁営繕部整備課施設評価室：官庁営繕事業におけるBIMモデルの作成及び利用に関するガイドライン」（BIMガイドライン），2014.
6) 久保知洋，矢吹信喜：河川施設の3次元モデルにおける詳細度に関する検

討,土木学会論文集Ｆ３（土木情報学）,Vol. 70, No. 2, pp.I_207-I_213, 2014.
7) 板倉崇理,矢吹信喜,福田知弘,道川隆士：維持管理のための橋梁３次元プロダクトモデルの最適詳細度に関する基礎的検討,土木学会論文集Ｆ３（土木情報学）,Vol. 70, No. 2, pp.I_42-I_49, 2014.
8) Chuck Eastman, Paul Teicholz, Rafael Sacks, Kathleen Liston: BIM Handbook, A Guide to Building Information Modeling for Owners, Managers, Designers, Engineers, and Contractors, Second Edition, John Wiley & Sons, 2011.

第11章　施工とCIM

> CIMでは設計段階で作成された3次元モデルや属性情報をそのまま引き継いで，施工に利用したり，施工中に得られる計測データや検査・点検データを3次元モデルにリンクさせて保存したりしながらプロジェクトを進めて行き，竣工時には，全てのデータを維持管理に渡す。本章では，まず情報化施工について概説し，CIMが情報化施工とどう関係するかを論ずる。次に，3次元に時間軸を加えた4Dモデルと関連するアーンド・バリュー・マネジメント・システム（EVMS）について説明し，ICタグの施工への応用について論ずる。最後に，施工時のデータの保存と蓄積が維持管理においてなぜ重要なのかを論ずる。

Keywords

情報化施工，4Dモデル，EVMS，ICタグ，施工時のデータ

11.1　情報化施工

「情報化施工」は，以前は，トンネルや大規模土工の施工において，変位などをセンサによって計測し，解析などを実施して，地盤の物性値などを確認しながら，適切な支保工を選択するNATM（New Austrian Tunneling Method）のような施工を意味することが多かった。しかし，その後，GNSSや加速度センサなどを登載した建設機械やTS等の新しい測量機器を用いた新しい施工方法が広まってきた2000年代半ば頃から，情報化施工はこうした新しい施工方法を意味するようになってきた。

国土交通省では，欧米の先進諸外国では，こうした新しい情報化施工が広まりつつあるのに，日本ではほとんど利用されていなかったことから，2008年2月，

情報化施工推進戦略会議を発足させ，情報化施工の普及，一般化へ向けて活動を開始した。目下，国土交通省が推進している情報化施工は大きく2つに分けることができる。

　一つは，ICTを用いて建設機械の自動化（半自動化）であり，これには，まず，バックホウなどの掘削盛土機械に3次元設計データを入力し，TSやGNSSによる位置データから，丁張りなしで制御できるようにオペレータに指示するMG（Machine Guidance：マシンガイダンス）技術がある。次に，ブルドーザやモータグレーダの排土板の高さを，やはり3次元設計データと機械の位置情報から，油圧を使って，自動制御しながら敷き均しを行うMC（Machine Control：マシンコントロール）技術がある。

　もう一つは，設計・施工時の情報をもとにした技術者の判断や監理の高度化である。例としては，TSやGNSSを用いた出来形管理技術，ローラの走行軌跡や加速度応答から締固めや強度など品質を管理する技術などが挙げられる[1]。

11.1.1　マシンガイダンス（MG）

　通常，バックホウ等の建設機械で土工ををを行う際，どの高さまで，あるいはどういった角度で，切土あるいは盛土するかを，機械のオペレータが見てわかるようにするためには，予め測量を実施して，仕上がりの高さや角度を示す丁張りと呼ばれる木でできた杭を現場に何メートルかおきに設置する必要がある。この作業にはかなりの時間と手間がかかる。さらに，せっかく設置した丁張りが，機械の一部に当たって破損したり，掘削の際に倒れたりするため，丁張りを監視する作業員を常駐させるか，丁張りの再設置をせざるを得ず，コストと時間がかかる。

　一方，マシンガイダンス（MG）では，切土・盛土の3次元設計データを搭載したコンピュータと機械に取り付けたRTK-GNSSによって得られる位置情報，方位情報を重ね合わせ，さらに，機械，ブームやバケットの傾き等の情報から，オペレータ席のモニタに，どのように機械を操作したら良いかを図と数

11.1 情報化施工

値でわかりやすく表示する。そのため，丁張りの設置や管理がほとんど不要になり，省力化や安全性の向上が図られる。

11.1.2 マシンコントロール（MC）

　ブルドーザやモータグレーダなどの土工機械には排土板（ブレード）と呼ばれる上下に動いたり，傾いたりする大きな装置が取付けられ，本体を前進させながら排土板を上下させたり傾けたりして，土を移動させ，道路や敷地などを造成する。この際，前述の丁張りがやはり必要である。さらに，経験豊富で空間的なセンスがあるオペレータならば良いが，さもないと，何回も同じ場所を行ったり来たりしなければ所定の形状にならず効率が悪い。

　一方，マシンコントロール（MC）では，道路や敷地造成の3次元設計データを入力したコンピュータを搭載したブルドーザやモータグレーダの排土板にRTK-GNSSまたはTSの反射プリズムを取付けることにより，機械を前進させながら，リアルタイムに各場所における設計面と現地盤の標高差を計算することができ，その値に基づいて排土板を自動的に上下させたり，傾けたりすることによって，熟練度や空間的センスと関係なく，少ない走行回数で，精度良く仕上げることができる。MCでは，オペレータは機械を前進させるだけでよく，施工速度が格段に上がる。

11.1.3 TS出来形管理

　従来，切土や盛土の出来形を検査する際は，トランシット，レベル，巻き尺などの測量機器を二人以上の技術者が操作しながら，データを野帳に書き，そのデータを事務所のパソコンに入力し，設計値との差分を計算してきている。TSは，反射プリズムを自動的に追尾しながら，TSとプリズムの間の距離と水平角，鉛直角を自動的に計測することができるため，プリズムの位置座標をリアルタイムに計測し，データをTS内のメモリに記録することができる。さらに，切土・盛土の設計データをメモリに予め入力しておけば，計測データとの差分を即座に計算し，出来形管理の帳票まで作成することができる。反射プリズム

は自動的にTSから追尾されるため，出来形計測は，一人でプリズムを持ち歩いて，所定の位置に来たら，リモコン操作すれば良く，一人だけで作業が可能であり，非常に効率的である．

11.1.4　締固めや強度等の品質管理技術

地盤は，ブルドーザや振動ローラを指定した回数以上，地盤の上を通過させることによって締固められる．その回数は，予め実験を行って決められる．工事区間の地盤の締固めがきちんとされたかどうかは，従来は，RI試験や水置換あるいは砂置換法による密度試験によって確認されてきた．

しかし，これらの試験は，地盤の一部を点状にチェックするものであり，面的に全ての場所の締固めを保証することはできなかった．

一方，情報化施工では，ブルドーザや振動ローラにGNSSを取付け，その軌跡を機械の幅を考慮しながら2次元ディスプレイ上に表示することによって，面的に全ての場所で，機械が何回通過したかが確認できる．また，振動ローラにおいては，振動を加えて通過したかどうかを，加速度センサを搭載し，同時に加速度を記録することによって，確認することができる．

こうした方法によって，締固めの品質を管理するため，漏れがなく，施工後のRI試験や密度試験が必要なくなり，効率的である．

また，コンクリートを打設した後，型枠を外す（脱型）までの日数は，本来はコンクリートの強度の上昇に応じて決定されるべきであるが，実際は環境条件などから，予め日数をきめてしまうことが多い．そのため，必要以上に型枠を残していたり，逆に強度が十分なレベルに達していないのに，脱型してしまうことが起こった．

一方，情報化施工では，温度センサを打設したコンクリート内部に入れ，温度管理によって，脱型の時期を決定するため，品質の確保と適切な工程を維持することができる．

11.2　情報化施工とCIM

　情報化施工を行うためには，切土や盛土の土工に関する3次元の設計データが必要である。また，切土の深さや盛土の高さの値が大きい場合は，いきなり設計された形状にはできないため，適当な高さでステップを設けて，段階的に施工する。そのため，施工の途中段階で目標とする3次元データも必要である。こうした3次元データは，9.2で説明したLandXMLのスキーマに基づいて作成すれば，多くの情報化施工の機械は読み取ることができる。

　しかし，現状では，建設コンサルタントが行う設計では，2次元図面が作成され，発注者に提出され，その図面が施工会社に渡されるため，施工会社は，2次元図面から3次元データ（LandXML）を作成しなければならない。今のところ，施工会社の建設現場において自社でLandXMLの3次元データを作成できるところは極めてまれであり，ほとんどの場合，外注に出しており，その分コストがかかる。そこで，国土交通省では，情報化施工で工事を実施する場合は，3次元データ作成費用を施工費の中に含めている。

　一方，CIMの場合は，設計も3次元で行うことから，3次元データを建設コンサルタントが作成し，発注者に納品する。発注者は，情報化施工を行う施工会社にそのデータを渡せば，全くそのままの状態で利用できなくても，ゼロから作るよりは速くできるから，かなりの効率化が図れるはずである。設計者が3次元設計データを作成し，納品する際，データフォーマットをLandXML形式にするのか，LandXMLに自動的に変換可能な3次元CADソフトウェアのデータにするのかと言った事項を，定めておくべきである。

11.3　4DモデルとEVMS

11.3.1　4Dモデル

　4Dモデルとは，3Dモデルの各部材とその部材が施工される時期を示す工程表をリンクさせ，時間の経過に伴って，構造物の3次元モデルがどのように変

化していくかを示すものである.スタンフォード大学のマーティン・フィッシャー(Martin Fischer)教授ら[2]が考案したものであり,瞬く間に世界中に広まった.なお,その後,コスト情報を加えて5D,ライフサイクル管理情報を加えて6D等が提案されており,いろいろなデータを加えていくとnDモデルになるとされている.ただし,6D以上は,研究者や技術者によって,何のデータを加えて次元を増やしているのか異なり,意見の一致はみていない.

4Dモデルを理解するためには,プロダクトモデルの他にプロセスモデルを学ぶ必要がある.プロセスモデルとは,施工過程を表す一般化されたデータ仕様であり,オブジェクト指向技術に基づいて,施工の各種作業をクラスとして階層構造によって表現し,「G1桁を設置する」や「S1床版を施工する」といった実際の具体的な作業はインスタンスとして表現する.図-11.1に示すように,プロダクトモデルとプロセスモデルは,インスタンスのレベルにおいて密接にリンクしており,リンクを順に辿ることによって,施工過程をコンピュータ上にて再現することが可能となる.

筆者らは,以前,切土・盛土の土工の4D CADを,3D CADソフトAutodesk Land Desktop 3(現在のCivil 3Dの前身)と工程管理ソフトMicrosoft Projectを,LandXMLを用いて統合化することによって開発した.図-11.2に,その事例を示す.

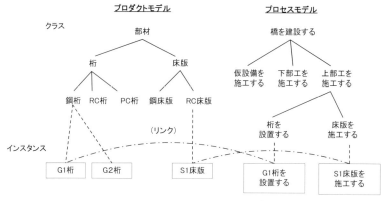

図-11.1　4Dモデルのサンプル

11.3 4DモデルとEVMS

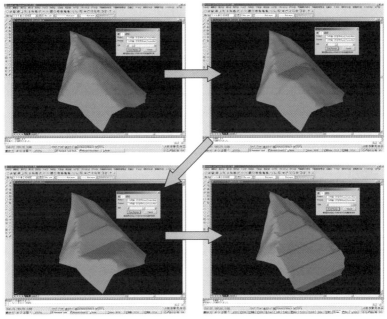

図-11.2 4D CADによる土工の施工プロセスの工程表との連動サンプル

プロジェクトの工程管理を行う上で工程表(バーチャート:bar chart)が作成される。米国では工程表を作成する際,MS ProjectやOracle Primaveraといった工程管理専用ソフトウェアを用いることが多い。また,米国ではクリティカルパス法(CPM)やPERT(Program Evaluation and Review Technique),次項で記すEVMS(Earned Value Management System)などのプロジェクト管理手法を大学の土木環境工学科では学生ほぼ全員に教育しており,実際に実務でも利用する場面もある。一方,我が国では,工程表は手書き,ワープロあるいは表計算ソフトEXCELで作成することが多いように見受けられる。CPMやPERTは一部の学生には教育していても全員ではないし,実務ではほとんど使われていない。EVMSに至っては多くの土木技術者は聞いたこともないという。

しかし,今後の国際化,益々の少子高齢化などを考慮すると,現状のままというわけには行かないように思われる。何かを評価するためには,指標,基準,

そしてそれらを求める手法が必要であり，それらを定式化すればソフトウェアを作り自動化が可能だ。さらに，CIMで構造物の3次元オブジェクトとその属性情報を共有して，そのソフトで操作できるようになれば，さらに効率化が可能だ。そうすれば，意思決定が透明で説明責任を果たすことができ，リスクに対しても柔軟に対応できると考えられる。

11.3.2 EVMS

EVMSとは，アーンド・バリュー・マネジメント・システム（Earned Value Management System）のことで，米国でプロジェクトの進捗管理を行うために考案されたアーンド・バリュー手法（Earned Valued Method）に基づいて開発されたシステムである。アーンド・バリュー手法とは，計画出来高，実績出来高，実績原価（コスト）の3要素を比較分析し，工程だけではなく原価要素も加えた総合的な進捗管理を行うことができる手法である。この手法は，工程と原価の2つのマネジメント要素で工事の進捗状態を評価する場合，低原価・早工程，低原価・遅工程，高原価・早工程，高原価・遅工程の4つの状態に分類することができ，原価進捗率（CPI）と工程進捗率（SPI）を用いて図化することで，工事の進捗状況を把握することができる。CPIとSPIは，計画出来高（BCWS），実績出来高（BCWP），実績コスト（ACWP）を用いて以下の式により求められる[3]。

$$CPI = (BCWP)/(ACWP) \qquad (11.1)$$
$$SPI = (BCWP)/(BCWS) \qquad (11.2)$$

これらの値は，達成率や原価等を用いることにより，自動的に算出される。CPIを横軸，SPIを縦軸とし，(CPI, SPI) = (1.0, 1.0)を原点とした2次元の直交座標系上にグラフとして表示する進捗管理システムを著者らは開発したことがある[4]。図-11.3は，そのシステムを用いた進捗の分析結果の事例を示している。工事着工時に原点からスタートし，第1回目（92年10月15日）では，(CPI, SPI) = (0.8, 0.84)と左下の象限に移動した。左下の象限は高原価・遅工程で，良くない状態であることから，何とかして低原価・早工程の右上の象限に移動させようと努力した結果が示されている。その際，工程が遅れているからといっ

てむやみにコストをかけるとCPIが下がってしまう。EVMSによりシミュレーションを行うことにより、工事管理において工程とコストの両面のバランスを取りやすくなると考えられる。また、本システムと4次元CADを合わせることにより、進捗率の詳細な検討を行い、工事の問題点の発見に役立つという相乗効果が期待できると考えられる。

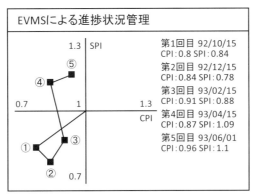

図－11.3　EVMSによる進捗管理のサンプル[4]

11.4　ICタグとCIM

11.4.1　ICタグ

ICタグとは、IC（集積回路）チップとアンテナを内蔵したタグ（荷札）であり、アンテナとコントローラーを内蔵したリーダ／ライタ（reader/writer）により非接触でICタグ内のデータを読んだり書いたりすることができる。ICタグは、正式には、RFID（Radio Frequency Identification）というが、電子タグ、無線タグ、RFタグ等とも呼ばれる。1950年頃から軍事用に使用され始め、後に主に工場や物流などで利用されてきた。1999年にマサチューセッツ工科大学内にAutoIDセンターが設置されると、ICタグはバーコードにかわり、流通分野に革命をもたらすと期待され、2003年頃からユビキタス社会を実現させる鍵となる技術として注目された。

ICタグは，バーコードに比べて大容量のデータを記憶させることが可能であり，データの読み書き，書き換えができる。また，複数同時に読み取りが可能であり，汚れや多少の遮断物があっても通信ができ，耐久性がある，といった特徴を有する。ICタグとリーダ／ライタとの間の通信は，周波数帯が長波と短波の電磁誘導方式とUHF帯とマイクロ波のマイクロ波方式による[5]。

11.4.2　ICタグの建設分野への応用

ICタグは，様々な部材に付けることにより，現実に存在する部材と情報システム内のプロダクトモデルデータを非接触でつなぎ合わせることができる画期的なものである。建設分野での利活用が期待されるところである。しかし，建設分野でICタグがさらに利用されるためには，価格のさらなる低廉化，長寿命化，耐久性の向上，接着方法の改善，金属や水分による影響の除去あるいは低減，電池内蔵のアクティブICタグの利用，センサ付きICタグの高度化が必要と考えられる。しかし，何よりも大切なのは，CIMの導入によって，現場で3次元プロダクトモデルのデータにアクセスでき，ICタグが貼り付けてある部材と紐付けることができるようにすることである。

ある原子力発電所建設工事現場において，ICタグ，GPS，デジタルカメラなどを用いて，資材と作業履歴管理を行うシステムを開発し，実際に利用して，費用対効果を比較したところ効果が大きいことを確認したことがある[6]。このプロジェクトで大きな効果が得られた理由は，まず原子力発電所の工事では通常の土木工事よりも資材と作業履歴を厳密に記録し，データとして残す必要があること，バックヤードの基幹システムに3次元モデルや部材などのデータがあり，それらと連携したトータルシステムであること，資材に貼り付けたICタグは工場から現場で据え付けるまでの比較的短期間の利用であり極端な耐久性は必要なかったこと，などが考えられた。

今後期待されるICタグに関連した技術にUWB（Ultra Wideband：超広帯域通信）がある。超広帯域通信は，目標物体までの距離を測定する技術として，軍事的な目的で米国において開発された技術である。UWBで通信を行うICタグと

4台以上のアンテナを用いることによって，UWB-ICタグの位置情報をリアルタイムに取得することが可能である。測位誤差30cm程度という比較的高精度の測位を屋内や地下でも行うことができる。さらに，ICタグには個体識別情報が付加されているため，ICタグが貼り付けてある各々の物体がどこにあり，どの方向にどれだけの速度で移動しているかを，遠隔地においても把握することができるようになる。建設現場において，作業員や建設機械，主要部材等にUWB-ICタグを装着させることにより，安全性や作業効率の向上が期待される[7]。

11.5 施工時におけるデータの蓄積と保存

　施工時には，測量，計測，写真，図面，書類などの膨大な量のデータが生み出される。そうしたデータの一部は，施工途中に検査データや説明資料として発注者に提出され，工事終了時には完成図書として発注者に提出されるが，それ以外のデータは，建設会社の現場の社員個人がCDやDVDなどに保有し，いつかは逸散してしまうことが知られている。発注者側も，完成図書は残しておくが，それ以外の途中段階で入手したデータの大半は捨てられるか，段ボール箱に入れられ，コンクリート構造物の空きスペースのようなところに積まれてしまうことが多い。

　施工時のデータは，維持管理における通常時はほとんど不要である。しかし，災害や事故，あるいは不具合が発生した場合，突然必要になることがあるが，上述のようにデータは逸散しているか，あったとしても余程丁寧に読み解かない限り，他人にはわかりにくい状態であることがほとんどである。

　これは，データの作成手段や方法が，日本の多くの現場の場合，現場の社員個人あるいは現場単位に任せられていて，標準化されていないことに由来する。出力して提出する結果があれば，その途中段階は問われないからである。従って，例えスプレッドシート（例えば，Microsoft Excel）に記録された施工時の計測および計算データがあったとしても，恐らく，途中のデータが何を表しているのか，どのような式や関数が行や列に埋め込まれているのか，他人にはわ

149

かりにくいし，作成した本人も何年か経てば忘れてしまう。事故や災害の対応等を行う専門家らは，これらを丹念に一つずつ追っていかねばならず，非常に多くの時間と労力がかかり，すぐに知りたいのに間に合わないといった問題が発生しがちである。

　CIMでは，様々な施工中に得られるデータが3次元プロダクトモデルの部材（インスタンス）に属性として記述されるか，あるいはデータファイルが紐付けされる。さらに，プロダクトモデルはもちろん，様々なデータの記載方法や貯蔵方法が標準化されるため，データの逸散，不明化といった問題が解決できると期待される。

参考文献

1）一般社団法人日本建設機械施工協会：情報化施工デジタルガイドブック，2014.
2）Kathleen McKinney, Jennifer Kim, Martin Fischer, Craig Howard: Interactive 4D-CAD, Proceedings of the Third Congress on Computing in Civil Engineering, Jorge Vanegas and Paul Chinowsky（Eds.），ASCE, Anaheim, CA, USA, pp.383-389, 1996.
3）池田將明：建設事業とプロジェクトマネジメント，森北出版，2000.
4）矢吹信喜，志谷倫章，嶋田善多：4次元CADとEVMSを用いた切土盛土施工管理システムの開発，建設マネジメント研究論文集，Vol.11, pp.91-98, 2004.
5）Klaus Finkenzeller著，ソフト工学研究所訳：RFIDハンドブック第2版，日刊工業新聞社，2004.
6）羽鳥文雄，吉村康史，江幡伸一：プラント建設における作業履歴管理システムの開発とRFIDの活用，土木情報利用技術論文集，Vol.17, pp.127-136, 2008.
7）矢吹信喜：超広帯域通信ICタグと3次元モデルを用いた建設施工管理システム，建設機械施工，Vol.67, No.2, pp.87-91, 2015.

第12章　維持管理とCIM

> 土木構造物の維持管理は，今後益々その重要性を増していくと考えられる。CIMはライフサイクルを通じて蓄積されてきた情報を生かすことによって，維持管理においてこそ，その効果を大きく発揮すると考えられている。本章では，まず，BIMで進められているCOBieについて概説し，次に，土木構造構造物の維持管理の重要性について説明し，さらに，センシングについて触れる。最後に，筆者が目指している国土基盤モデルを紹介する。

Keywords
　COBie，維持管理，点検，センサ，センシング，国土基盤モデル

12.1　BIMのCOBie

　先進欧米諸国では，国が発注するビルディングのFM（Facility Management：施設管理），O&M（Operation and Maintenance：維持管理）についてCOBieが義務化されつつある。COBieは，Construction Operations Building Information Exchangeの略であり，ビルディングのオーナーとりわけ施設管理者が必要とする情報を交換するためのデータフォーマットである。14.1.5で記すように，COBieは米国陸軍工兵隊（US Army Corps of Engineers）のERDC（Engineer Research and Development Center：工兵研究開発センター）に当時勤務していたビル・イースト（Bill East）博士が2007年に，そのパイロットとなる標準仕様を開発したものである。基本的に，設計段階と建物完成引渡しの段階で，オーナー，特に施設管理者が必要とするデータを設計・施工データから抽出し，構造化して示すデータフォーマットである。

2010年にCOBieはCOBie2に更新され，コンピュータが読めるだけでなく，人間にとっても読みやすくなるようにという目的で，スプレッドシート（Microsoft Excel）のフォーマットで提供されるようになった。また，BIMの中核であるIFCからCOBie2にデータを自動的に変換できるようなプログラムも提供されている。その後，COBieは，種々のバージョンが米国のいくつかの組織や英国で作られている。それらを総称してCOBieと呼んでいる[1]。

COBieは，具体的かつ簡単に言えば，適当なリンクを持つ20個のタブからなるスプレッドシートで，各タブには特定の名称が付してあり，どのようなデータを入力すべきかも記載されている。例えば，連絡（contacts）は，プロジェクトのライフサイクルを通じて参照される会社名，個人の氏名，所属，連絡先などからなり，階（floor）は，何階かを示し，スペース（space）は，どの部屋かを示し，タイプ（type）は，管理すべき施設の製造業者，型式，モデル番号，保証期間，想定寿命，寸法，色，形状等の情報が記され，スペア（spare）は，予備の部品や交換部品，消耗部品などのリストを示し，作業（job）には，設備の維持に必要な予防保全，試験の手順，安全管理などが示されている。

COBieを用いると，例えば，15階の1504号室のエアコンNo. 3は，2014年7月の○○社製で，型式，モデル番号，保証期間等の情報の他，フィルタなどのスペアパーツはどこにあるか，故障した場合は，どの会社の誰に連絡を取ったらよいか，通常メンテナンスとして何をいつ行うべきか，といったデータがスプレッドシートから容易に引き出すことができるのである。

このようなスプレッドシートが開発された理由は，BIMでは3次元プロダクトモデルであるIFCのデータを，ライフサイクルを通じて共有しながら，さらにデータを付加していくことになっているが，実際の所，ビルディングのオーナーや施設管理者は，3次元CADやビューワソフトを使いこなすことが困難であるため，IFCから必要なデータを抽出して，彼らでも使いこなせるスプレッドシートで仕事ができるようにしよう，というわけである。しかも，修理業者が変更になったりした場合，そうしたデータの更新が容易なだけではなく，時系列的にデータを管理することができるのである。従来は，ビルディングの完

成図書である分厚い図面集に、施設管理者は、赤や青のペンで、業者の電話番号や担当者の名前を書いたり、いつ部品を交換したか、といった情報を書き込んだりしていた。COBieは、必要な情報へのアクセスを迅速化するだけでなく、正確な情報を常に更新でき、その履歴も残すことができる優れたシステムと言える。

ただ、2015年現在で、土木構造物のためのCOBieは世界のどこにも見当たらない。そこで、一般財団法人日本建設情報総合センター（JACIC）の社会基盤情報標準化委員会の下に社会基盤COBie検討小委員会を設けて、土木用COBieの策定を2014年度～15年度に実施しており、成果が期待される。

12.2　土木構造物の維持管理の重要性

2007年8月1日、1967年に建造された長さ579m、幅33m（合計8車線）の米国ミネアポリス高速道路トラス橋が突然崩落した。当時、この橋では補強工事が行われており、車線が片側2車線に制限されていた。この事故を受けて国土交通省が調査を行った結果、全国の自治体のうち7県および1567区市町村で橋の点検を行っていなかった事がわかった。

2012年12月2日、山梨県大月市笹子町の中央自動車道上り線笹子トンネルで天井板のコンクリート板が約130mの区間にわたって落下し、走行中の車複数台が巻き込まれて死傷者が出た。この事故を機に、国土交通省は2013年を「社会資本メンテナンス元年」と表明し、2014年4月14日、社会資本整備審議会道路分科会は「道路の老朽化対策の本格実施に関する提言」を取りまとめた。これにより、国、地方自治体が管理する全ての橋梁は、5年に1回は点検しなければならないことになった。

これまではろくに点検もされず、地方自治体によっては図面が捨てられてしまった橋梁すらあり、維持管理はどちらかというと軽視されがちだったのに比べれば、大きな進歩と言える。しかし、基本的に橋梁の点検は目視と打音によるものであり、結局、点検者の経験と勘（主観）に頼ることになる。それが悪

いというわけではないが，データに基づいた客観的な判断ができるようなシステムを将来は目指すべきであろう．CIMは，そこで大きな役割を果たすことになると考えられる．

12.3 センシング

　従来は，壊れてから修繕するという事後保全を旨としていたが，今後はライフサイクルコストを意識した予防保全を導入し，長寿命化を図ることが重要だろう．点検は通常，目視と打音であるが，人が近づけないような部材や部分については，センサを設置して，劣化状況を把握することが可能になりつつある．土木構造物のセンシングの目的は，第一に人間による目視点検を補佐し，劣化度や健全度評価の参考にすることである．第二に，何らかの異常をデータから検知して，緊急情報として管理者に通報し，速やかな措置や対策を講ずることを助けることである．

　一方で，発注者である管理者は，センサの誤動作，緊急時の故障，通行人のいたずらなどのリスクゆえ，センサを設置することに必ずしも積極とは言えない状況であった．しかし，維持管理の重要性が増して，最近はセンシングに前向きな姿勢も見られるようになってきた．ただ，センサ技術は日進月歩であり，メーカも多様であることから，仕様に関する用語や単位が統一されていないため，ユーザは迷いやすい．また，センサの計測データの出力フォーマットもセンサごとに異なり，整理するのが大変である．さらに，センサの設置箇所や設置方向や方法を記述する方法は目下のところ2次元図面となっており，センサ数が増えると，データの解釈に困難を感じるようになる．

　こうした問題を解決するためには，CIMを適用するのが良いだろう．センサのメタデータ（データのデータ）や出力データのフォーマットに関する標準化を行い，設置箇所や方法に関する情報は，3次元モデル上にデータとして貼り付けることにより，コンピュータが自動的に解釈できるように工夫すれば良いのである．目立たないが，こうした地道な努力が必要だと考える[2]．

12.4 国土基盤モデル

　筆者が最終的に目指して研究を行っているのが「国土基盤モデル」である。これは，図-12.1に示すように，実社会基盤の各部材などにICタグを取り付け，センサネットワークを張り巡らせる。サイバーインフラストラクチャは，クラウドコンピューティングを利用したコンピュータの世界で，中核は実社会基盤を表現するプロダクトモデルのデータであり，各部材には，対応する実際の部材に取り付けたICタグのIDが付与され，常に参照できるようになっている。センサのデータは，センサおよび計測データモデルによって蓄えられ，知識モデルと統合化されている。中核データモデルの周辺には，種々のアプリケーションソフトウェア群がミドルウェアを介して接続されており，リアルタイム

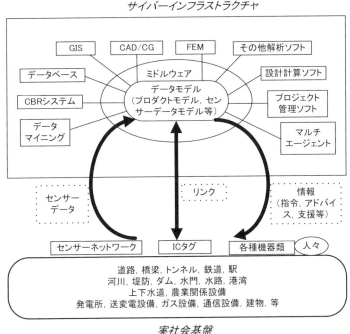

図-12.1　国土基盤モデル

に相互のデータをやりとりしながら，知的な推論を行い，何らかの指令やアドバイス，あるいは支援となるような情報を実社会基盤そのものあるいはその利用者，市民に自動的あるいは半自動的に与え，各種機器類を自動制御するものである。その結果はセンサネットワークが感知し，即座にサイバーインフラストラクチャにフィードバックする。

　サイバーインフラストラクチャから実社会基盤への情報伝達項目としては，ピンポイントの天気予報，洪水や津波，地震，斜面崩壊などの防災情報，犯罪や防犯に関する情報，空調制御，エネルギー制御，交通機関の各種情報，構造物の点検・維持管理，アセットマネジメントなどに関する情報が挙げられる[3]。

参考文献

1）Chuck Eastman, Paul Teicholz, Rafael Sacks, Kathleen Liston: BIM Handbook, A Guide to Building Information Modeling for Owners, Managers, Designers, Engineers, and Contractors, Second Edition, John Wiley & Sons, 2011.
2）矢吹信喜：無線センサネットワーク利用による土木構造物のモニタリングに向けて，電子情報通信学会誌, Vol.97, No. 8, pp.684-687, 2014.
3）矢吹信喜：サイバーインフラストラクチャ構築による価値創造に向けて，土木学会論文集, No.805/VI-69, pp.1-13, 2005.

第13章　土木プロジェクトマネジメント

本章では，まず公共土木工事の発注方式の大まかな歴史を振り返る。次に，設計・施工分離発注方式と設計・施工一括発注方式を比較し，CIMへの適用性を論ずる。さらに，多様な入札契約方式をレビューし，最後にIPD（Integrated Project Delivery）について論ずる。

Keywords
　発注方式の歴史，設計・施工分離発注方式，設計・施工一括発注方式，多様な入札契約方式，IPD

13.1　公共土木工事の発注方式の概略史

　土木プロジェクトは，発注者，建設コンサルタント，請負業者（ゼネコン）の三者によって，設計と施工を分離して発注する方式で，ずっと昔から実施されてきた，と思っている人が多いかも知れない。しかし，室町時代までは，ほとんどの土木工事は幕府，地方領主，豪族などが，技術に精通した部下を持ち，その部下が直接的に農民や作業員等に指示して工事を行っていたと考えられている。戦国時代から江戸時代になると，土木工事を行う技術者，作業員や商人達が組織を作り，幕府や藩から工事を請負うようになり，施工者が発注者と商取引を行うようになった。明治維新以降，施工者は「〇〇組」といった名称の会社となって，施工は発注者からほぼ完全に分離されるようになった。

　一方，建設コンサルタントが出現し始めたのは，日本では，第二次世界大戦以降で，特に増えてきたのは，1960年代からの高度経済成長時代からである。それまでは，発注者内部に設計を行う相当な人数の技術者（インハウス・エンジニア）がいて，設計計算，図面作成，数量計算などの作業を全て行っていた。

設計が外注化されるようになったのは、大量の建設プロジェクトを急いで行う必要があり、外注しなければ、やりきれなくなったことと、戦後の進駐軍が既に米国にあった建設コンサルタント業を日本に紹介したこと等が主な理由として挙げられている。

筆者が1982年に大学を卒業してすぐに入社した電源開発株式会社（J-POWER）は当時、半官半民の発注者であったが、土木部設計室という部署があり、80名くらいの技術者がおり、一般社員数十名には一人1台ずつ「ドラフター」と呼ばれる製図台と机が与えられ、墨入れをするトレーサと呼ばれる技能員も3名いた。日本の多くの発注者は既に設計の外注化に移行していたので、発注者でこれだけの陣容を持つ設計部署があることは珍しかった。しかし、その後、会社が完全民営化され、事業目的の変化に伴い、徐々に関連企業である建設コンサルタント会社に外注されるようになった。

このように、土木プロジェクトの仕事の分担方法や発注方式は、時代や社会の変化に伴い、変化してきているのである（図－13.1）。目下のところ、国交省のCIMの試行事業は、従来の三者関係による設計・施工分離発注方式で行っているプロジェクトに適用してきているが、そうあらねばならぬ、ということはないはずである。本章では、本来CIMに適したプロジェクト方式はどのようなものなのかを論ずる。

図－13.1　日本における入札契約方式の変遷

13.2 設計・施工分離発注と設計・施工一括発注

13.2.1 両者の比較

概ねどの国でも,公共工事は,設計と施工を分離して別々の会社に発注するDBB（Design Bid Build：設計・施工分離発注方式）の比率が高い。なぜなら,設計と施工を一体として同じ企業に発注すると,施工費が高くなるように過大あるいは華美な設計をして,施工段階で儲けようとする不正行為が発生する懸念があるからである。日本では,1959年に当時の建設省の事務次官からの通達「土木設計業務等委託契約書の制定について」によって,設計の受託者は当該工事の入札に原則として参加できないものとされ,設計・施工分離が原則とされてきた。図-13.2（DBB方式）に示すように,設計者と施工者の間には壁が設けられている。

しかし,1995年1月に「公共工事の品質に関する委員会」において,DB（Design Build：設計・施工一括発注方式）の検討を行う必要があるとされ,種々の検討が始まり,機械設備の製作据付を伴うようないくつかの工事に試行的に導入された。その後,一定の条件を満たした場合,DB方式で発注されるプロジェクトが出現して来ている。DB方式では,設計と施工の両方ができる企業あるいはグループが受注する必要があるため,図-13.2（DB方式）に示すように,設計者（建設コンサルタント）と施工者（請負業者）コンソーシアムを組む場合と,設計技術者を内部にあるいはサブコントラクタ（下請け）として抱えている施工者（請負業者）が受注する場合がある。

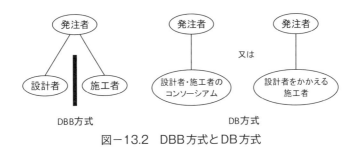

図-13.2 DBB方式とDB方式

DB方式のメリットは何であろうか[1]。まず，施工者のノウハウを反映した現場条件に適した設計と施工者が持つ固有の技術を活用した合理的な設計が可能となる。これによって工事品質の一層の向上が期待される。さらに，発注業務の軽減と設計段階から施工の準備が可能となることから工期の短縮も期待される。特に，一番目のメリットは，今後益々増加すると予想されている更新や増設，維持管理工事においては，その効果を発揮すると考えられる。既設構造物がない新しい場所に構造物を構築するプロジェクトの場合は，施工方法をあまり気にしなくても良いこと多いが，既設構造物がある場合は，施工方法を綿密に考慮した設計にしないと，設計が画餅に帰すことに成りかねないからである。また，下水道処理関係の工事の場合は，設備の占める割合が大きく，土木工事が少ないことがある。そうした場合，土木工事の設計を行ってから，入札で設備と土木工事の施工者を決めたのでは，時間がかかる上に，設備の仕様によっては，土木工事の設計変更を施工途中で行うことになりかねず，不合理である。

一方，デメリットとしては，施工者側に偏った設計となりやすく，設計者や発注者のチェック機能が働きにくい点，受発注者間において契約時に明確な責任分担がない場合，工事途中段階で調整が必要になったり，受注者側に過度な負担が生じることがある点，発注者側がいわゆる「丸投げ」をしてしまうとコストと品質に関する国民への責任が果たせなくなる点が挙げられる。特に，一番目のデメリットは，過大あるいは華美な設計にする不正行為の懸念というもともとDBB方式を原則化した理由であり，DB方式を採用する場合，この課題を解決することは必須と言えよう。

13.2.2 DB方式とCIM

CIMを適用する場合，一般的に言って，DB方式の方がDBB方式よりも効果が大きいと考えられている。1.1で記したように，CIMのもとになるBIMは，一つの3次元プロダクトモデルのデータを共有することによって，意匠，構造，設備，生産という異なる設計を同時進行的に行う方法であり，施工に関する技

術者を設計の早い段階から関与させるフロントローディングもねらいの一つである。DBB方式では，設計と施工が完全に分離しているため，設計者と施工者が同時進行的に設計を行うことはできない。そのため，フロントローディングもできない。これでは，3次元モデルを作り，データの受け渡しができたとしても，CIMの持つ本来の効果を発揮することができないのは当然である。

ただ，DBB方式では，CIMの効果が全くないのかと言えば，そのようなことはない。設計者は3次元モデルを使うことによって，ミスが減少し，可視化による効果的な説明ができ，数量計算が効率化でき，いくつかの設計ソフトウェア間でデータの交換がスムーズにできるようになる，といった効果はある。施工者も，設計者が作成した3次元モデルを発注者から受け取り，施工に利用することができる。ただ，こうした効果は限定的であり，コストダウンや工期短縮の観点から，CIMならばもっとできるはずだということになる，ということである。

13.3 多様な入札契約方式

13.3.1 米国と日本の状況

米国では，より良いものを速く作ることを目的に，1940年代からCM（Construction Management：コンストラクション・マネジメント）方式が考案され，社会のニーズの変化に合わせて1980年代頃から広く採用されるようになった。また，DB方式やECI（Early Contractor Involvement：アーリー・コントラクタ・インボルブメント）方式等，様々な方法が考案され，試行あるいは実施されている。BIMを用いたプロジェクトではCMやDB方式，ECIが採用されることが多く，従来のDBB方式よりBIMの効果が発揮されやすいと評価されている。

日本においては，談合やダンピングによって公共工事の品質が脅かされていることを背景に，2005年に「公共工事の品質確保の促進に関する法律」（以下，品確法）が制定された。品確法では，公共工事の品質確保策として，発注者が

入札参加希望者の技術的能力の審査を行うこと，入札参加希望者に技術提案を求めるよう努めること，発注関係事務に外部能力を活用することができること等が定められている。2014年には，ダンピング，現場の担い手の減少，発注者のマンパワー不足，地域の維持管理体制への懸念，受発注者の負担の増大といった事柄を背景に，品確法の一部が改正された。改正された品確法は，略して，改正品確法と呼ばれている。この改正品確法のポイントの一つは，多様な入札契約制度の導入・利活用であり，これに関して，2015年5月に国土交通省は「公共工事の入札契約方式の適用に関するガイドライン」（以下，ガイドライン）[2]を発表している。ガイドラインは，国および地方公共団体に適用されるものであり，今後，CIMを導入・普及させていく上で極めて重要な動きと言える。

13.3.2 CM方式

まず，ガイドラインでは，「発注者のこれまでの発注経験と体制について，事業を実施する上での課題等と合わせて検討し，必要に応じて発注者を支援する方式（CM方式，事業促進PPP方式等）の活用も考えることが望ましい」と記載されており，CIMを普及させていく上で重要である。CM方式には種々の形態があるが，CIMに適していると考えられるのは，CMが設計段階と施工段階に関与する方式（図－13.3）である。米国では，第14章で記す通り，BIM/CIMに精通した建設コンサルタント会社が，プログラム・マネジャ（program manager）として発注者と契約し，設計者と施工者との間に入ってプロジェクト全体の情報マネジメントを行う事例がある。これは，CMのBIM/CIMに対応した発展系だと考えられる。

13.3.3 契約方式

次に，ガイドラインでは，入札契約方式を，契約方式，競争参加者の設定方法，落札者の選定方法，支払い方法の4つに分けて記述している。ここでは，CIMに特に関係が深い契約方式について紹介する。ガイドラインでは，契約方式を「事業プロセスの対象範囲に応じた契約方式」と「工事の発注単位に応じ

13.3 多様な入札契約方式

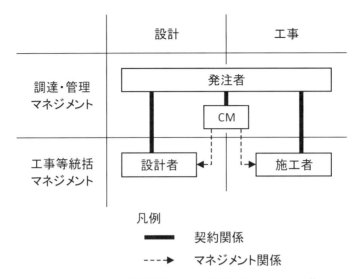

図-13.3 CMが設計段階と施工段階に関与する方式[2]

た契約方式」に分類し，前者については，図-13.4に示すように，
（1） 工事の施工のみを発注する方式
（2） 設計・施工一括発注方式（DB方式）
（3） 詳細設計付工事発注方式
（4） ECI方式
（5） 維持管理付工事発注方式
の5つを挙げている。図-13.4は，事業段階（調査・計画，概略設計，予備設計，詳細設計，施工，維持管理）において調達範囲の例が示されており，どこからどこまでが調査・計画／設計者で，どこから施工者から調達するのかがわかりやすい。前述のDB方式やECI方式のみならず，（3）や（5）のような組合せを加えており，より柔軟に発注者が対応できるように工夫されている。

次に，工事の発注単位に応じた契約方式として，包括発注方式と複数年契約方式を挙げているが，これらは，主に地方の既存施設の維持管理を目的としたものであり，現段階では，一般の工事を対象とするものではない。

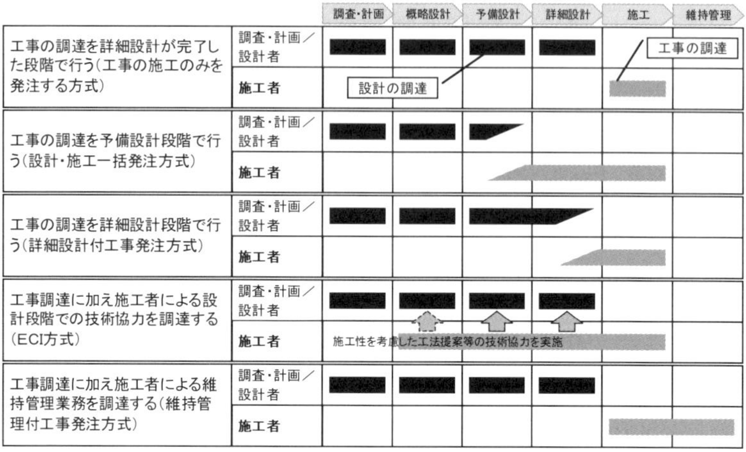

第13章 土木プロジェクトマネジメント

		調査・計画	概略設計	予備設計	詳細設計	施工	維持管理
工事の調達を詳細設計が完了した段階で行う(工事の施工のみを発注する方式)	調査・計画/設計者					工事の調達	
	施工者		設計の調達				
工事の調達を予備設計段階で行う(設計・施工一括発注方式)	調査・計画/設計者						
	施工者						
工事の調達を詳細設計段階で行う(詳細設計付工事発注方式)	調査・計画/設計者						
	施工者						
工事調達に加え施工者による設計段階での技術協力を調達する(ECI方式)	調査・計画/設計者						
	施工者		施工性を考慮した工法提案等の技術協力を実施				
工事調達に加え施工者による維持管理業務を調達する(維持管理付工事発注方式)	調査・計画/設計者						
	施工者						

図－13.4 多様な契約方式における事業段階と調達範囲の例[2]

13.4 IPD (Integrated Project Delivery)

13.4.1 IPDとは

　IPD (Integrated Project Deliverty：インテグレーテッド・プロジェクト・デリバリ) は，米国で考案された，DB方式よりもさらに進んだ，BIMの技術を使った究極のプロジェクト遂行方式である。建築構造物のIPDでは，発注者(オーナ)，設計者（建築家，構造技術者，設備技術者），請負業者（元請け業者と下請け業者も）が一つの団結し密着したチームを作り，プロジェクトの最初の段階から完成まで一緒になって，BIMの技術を最大限に使って，データを共有しながら，協調的に遂行していく[3]。IPDで重要な点は,上記のプロジェクト・チームが，BIMによって，かなりのコスト縮減と工期短縮を実現しながら，発注者のニーズに対して満足するような結果を出すことである。その際，BIM技術によって，種々の設計案や施工案を出し，かかるコストと便益をリアルタイムに比較し，評価しながら，意思決定していくことが必須となる。従って，BIMなしにIPDの実現は不可能である，とまでは言わないが，BIMなしのIPD方式というのは実質的には考えられない。

13.4 IPD(Integrated Project Delivery)

また,データ共有のためには,ASP(Application Service Provider)のサーバーを通じて,インターネットでデータをチームの各メンバーがスムーズに共有し,ディスカッションできる環境を整える必要がある。ディスカッションは,インターネットの遠隔ビデオ会議システムやチャット機能などを使って,頻繁にお互いにやり取りすることが重要なのは当然であるが,1ヶ月に1回くらいの頻度で,発注者,設計者,施工者,維持管理者に加えて,場合によっては住民や利害関係者を交えて,会議を行うことが重要である。こうした実会議では,3面以上の連動する大きなマルチディスプレイかスクリーンに,3D/4Dモデル図,工程表,出来高(キャッシュフロー),写真,ビデオなどを映しだし,皆で意見を出し合い,最後に決定事項と継続審議事項を明確にして終了する(図-13.5)[4]。

オーナー,設計者,施工者,維持管理者,市民などが集まり,連動するマルチスクリーンを操作しながら,プロジェクトのリスクや問題点を議論し,解決策を探る.

図-13.5 IPDで関係者が一堂に会して行う会議のイメージ[4]

IPDのメリットを最も享受するのは発注者であり，チームのメンバーに何をどのようにして欲しいのかを契約書にきちんと書くことが重要である。発注者がチームにどうしてもいつも入ることが困難な場合は，コンサルタントを雇用して代弁させることは可能である。いずれにしても，契約や法的な側面が重要であり，AIA（American Institute of Architects：米国建築家協会）が2007年にIPD遂行のためのガイド[5]を発表している。IPDの契約書では，プロジェクト・チームのメンバー達が使用するBIMツールやASPのサーバーなどを定義する。

IPDでは，建築家や構造技術者，設備技術者がプロジェクト・チームに主要メンバーとして入っており，彼らが設計を改善することによって，予定していた建設コストやエネルギーコストより安くできたり，計画工期より速く完成したりすれば，それによって発注者が得られる利益の一部を得ることができるのである。これは，従来の契約方式では見られない重要な違いであり，これにより，設計者や技術者は本気でコスト縮減や工期短縮を図る方策を考えるようになるだろう。

従って，プロジェクト・チームにおける協調（コラボレーション）は，極めて重要なのである。自分の仕事は，ここからここまでで後は知りません，といった態度を取っていてはIPDはうまくいかないだろう。

IPDで実際に設計と施工を実施した世界発のプロジェクトとして著名なのは，米国カリフォルニア州カストロバレー（Castro Valley）にあるサッター医療センター（Sutter Medical Center）である。2007年から設計を開始し，2012年に完成している。IPDの採用により，DBB方式より6ヶ月，施工を早く開始することができ，総コストも計画よりも安くすることができた[6]。

13.4.2 土木におけるIPD

公共土木工事では，IPDが採用されたという事例は未だ聞いたことがない。しかし，今後，CIMが順調に進歩していけば，IPDを目指すことになると考えられる。

筆者が，以前勤務していた電源開発株式会社では，新しい水力発電所のプロ

13.4 IPD (Integrated Project Delivery)

ジェクトが企画されると，営業担当の開発計画課，計画担当の水力計画課，設計担当の設計室，積算と施工管理担当の工事課，および運転維持管理担当の設備運営課（全て1980年代当時の名称）の各室・課から主任クラスと入社1,2年クラスの二人ずつが，月に1，2回くらいの頻度で会議室に集まり，図面や資料を持ち寄って，プロジェクトについて，丁々発止，真剣に議論していた。筆者は設計室にいたが，他の部署の社員がその部署の立場で，ダムの位置や水路トンネルのルート，発電量やコスト等について，意見を言うのを聞いて，部署によって考え方が180度違うことや，思わぬような視点から鋭い指摘があることなどを学び，非常に勉強になった。また，この会議は，プロジェクトが企画段階から計画，設計，積算へと進んでいってもずっと同じメンバー（転勤や担当替えがなければ）で続けられ，それぞれの立場でその都度，意見を出すことができ，実際に担当する仕事はプロジェクトの極一部ではありながら，ライフサイクルに関与することができ，時には設計の立場から「こうしたらどうだろうか」といった意見を出して，「それは面白い」などと言われて，やりがいを感じたりしたことがあった。

筆者は，この会議や仕事のやり方は，施工業者は入っていないものの，工事課が代弁していると考えれば，BIMやCIMを使わない，計画・設計・積算におけるIPDではないかと考えている。こうしたIPDのようなことができたのは，発注者側に設計者がいて，施工者を代弁することができる工事課があったからだと思う。

電源開発株式会社では，1984年7月に3次元CADシステムを土木部門で導入し，5年間で土木の計画，設計，積算，工事管理，維持管理まで利用できるようにすることを目的にシステム開発と利用の普及を図り始め，筆者も1986年3月まで担当のうちの一人として携わった[7)8)]。CAD導入の当初の目的は，まさにIPDに近いものであったのである。

現状の三者関係で行うプロジェクトの契約方式とIPDの違いは，前者は，設計者も施工者も発注者の決めた仕様書や契約図書の中で，自らの利益が最大限になるよう努力するが，後者は，参加者全員が発注者にとって利益になるよう

に行動し,そうすることによって自らも利益が得られるという点である.現在の方法では,発注者がよほどしっかりと監督をしなければ,安くて,良い物ができにくい仕組みになっているのである.日本で比較的品質が高い設計と施工がなされているのは,国民性もあるだろうが,もし手抜きやずるいことをすれば,商売を継続させていくことが難しくなる環境であることを知っているからであろう.土木でもIPDが将来望まれる所以である.

参考文献
1) 国土交通省:設計・施工一括及び詳細設計付工事発注方式 実施マニュアル(案),2009.
2) 国土交通省:公共工事の入札契約方式の適用に関するガイドライン,2015.
3) 家入龍太:図解入門よくわかる最新BIMの基本と仕組み,秀和システム,2012.
4) 佐藤直良,矢吹信喜:対談 CIMの歴史と可能性—「新たな世界」を論じる—,土木学会誌,Vol.100, No. 6, pp.10-13, 2015.
5) American Institute of Architects: Integrated Project Delivery: A Guide, 2007.
6) Chuck Eastman, Paul Teicholz, Rafael Sacks, Kathleen Liston: BIM Handbook, A Guide to Building Information Modeling for Owners, Managers, Designers, Engineers, and Contractors, Second Edition, John Wiley & Sons, 2011.
7) 峰尾肇,宮永佳晴,堀正幸,江原昌彦,矢吹信喜:電源開発(株)における土木設計とCAD,土木学会第10回電算機利用に関するシンポジウム講演集,pp.241-248, 1985.
8) 橋本龍男:土木分野へのCAD導入の現状と課題,電力土木,No. 201, pp.3-14, 1986.

第14章　先進諸国の取組み

> 筆者は，BIM/CIMの利用や開発などの技術調査を行うことを目的に，2013年に米国，2014年に欧州を訪問する機会を得た。本章では，主にそこで得られた知見などについて紹介する。

Keywords

米国，WTC，イリノイ大学，スタンフォード大学，フランス，英国，ドイツ

14.1　米国におけるCIM技術調査2013

14.1.1　概要

土木学会土木情報学委員会では，2013年度，CIMの導入実績が豊富な米国でCIMの普及を推進する政府関係者，CIMを研究分野とする学術関係者，CIM導入実績が豊富な建設コンサルタントや施工会社との意見交換，実務事情調査を目的とした技術調査団を派遣し，CIM導入に係わる課題整理と建設生産システム合理化の方向性について産（設計者，施工者），官（事業発注者），学（技術開発者）合同で研究するために，業界の関係団体から構成される米国CIM技術調査2013を実施した[1) 2)]。

調査団は8名で，筆者は団長として参加した。日程は，2013年9月22日にニューヨークに到着し，24日にシカゴへ移動，26日にサンフランシスコに移動し，28日に帰国の途に就いた。

以下，調査結果の中から主要なものについて，その概要を記す。

14.1.2　ニューヨークWTC再開発事業

ニューヨークのWTC（World Trade Center：ワールドトレードセンター）の

再開発プロジェクトの発注者はニューヨーク州・ニュージャージー州港湾局（The Port Authority of New York & New Jersey）であり，プログラム・マネジャとしてパーソンズブリンカホフ（Parsons Brinkerhoff）& URSプログラムマネジメント共同業体が当たっている。総事業費は2,200億円で，プログラムマネジメント請負金額は約250億円である。

LIDAR（Light Detection and Ranging）データを利用して被災現場の状況を把握し，施設（路線，地下埋設物など）の再配置計画を実施した。工事敷地面積は160エーカー（約65ha）で，複数の設計会社や施工会社が参画し，地下鉄が8ライン入り，地下バスターミナルの建設も行うプロジェクトである。

6社による設計コンペが実施され，その内容は一般にウェブ公開されており，さらに設計，施工期間も同様に一般に情報公開を行っている。また，複数のプロジェクトの横断的な4Dモデルを作成，施工手順などの検討を実施した。これにより，同時期に実施する地下工事とWTC地上メモリアル工事の干渉チェックを事前に行ったところ，不整合を事前に確認することができ，問題を解決した。

当初オーナーは2次元図面での発注を考えていたが，プロジェクトが複雑であることから，3次元を利用することを決断した。そのおかげで早い段階で干渉問題を発見することができ，通常解決までに3ヶ月かかる問題を短時間で解決することができた。工事期間中，定点カメラで撮影した週ごとの写真をつなぎ合わせた進捗状況をBIM/CIMモデルと比較して状況を確認することに加え，材料の搬入，搬出シミュレーションにも活用した。

WTCビルの建設はメモリアル式典の開催日程のため工期短縮が必要となった。また，安全管理はこのプロジェクトで特に重要な位置づけであったことから，施工進捗に従って出来形と4Dモデルを比較しながら安全管理を実施した。完成後の維持管理での利用を見越して，施工段階の各種情報をモデルに付加した。情報公開ポータルには60を超えるリンクがはってあり，セキュリティを確保しながら，多くの関係者，オーナー，行政，発注者，企業体，設計者，施工者，一般人に情報を提供している。

14.1.3 ニューヨーク市建築工事におけるBIM活用事例

ニューヨーク市建築局副局長クリストファー・M・サンチューリ（Christopher M. Santulli）氏から，市建築局で実施している3Dモデルを用いた現場の安全性確保について，以下のような説明を受けた．

ニューヨーク市建築局は，建築工事における安全の監督業務を行っており，BIMを活用して監督業務の効率化を図っている．ニューヨーク市では新設15階以上，既存10階以上のビルの外壁工事に対して安全計画書の提出を義務付けている．建築工事のうち，新築建設が40％，既存建物の外壁リノベーション，メンテナンスが60％で，年間1,100件の安全審査対象工事が実施されており，公共一般向けの安全性向上のためにBIMを適用している．2012年5月から正式にビルの改修・施工計画でBIMの適用を開始し，初年度は23個の新規プロジェクト，147個の改修プロジェクトで実施した．進捗管理はiPad上のBIMモデルで行っており，現場でもモデルを活用している．

ニューヨーク市建築局は，仮設計画の安全性を監督する立場にあり，仮囲い，落下物防止ネット，仮設階段，エレベータ，クレーン，足場，支保工，手摺，ガードレールなどについてBIMモデルで計画を納品することを義務付けている．設計者はBIMモデルの実際の位置にタグ付けされたコメントを見ることで，迅速な判断ができる．監督，施工者との間でも同じようにBIMモデルを利用している．BIMモデルに関連する資料は紐付けられ，一般公開用のウェブサイトや許諾書などにもリンクされている．

検査官はBIMモデルでプロジェクトの全体計画，検査項目を理解することができ，必要な情報をオフィスから現場に持ち出して活用することができる．2次元図面だと検査内容確認に時間がかかるが，検査官はパノラマビューにより仮想空間内で検査を行うことができる．紙での提出物を削減し，ZOHOソフトウェアを利用して電子納品を進め，インターネット上でコメントを追加することで予約も現場訪問も不要となった．

導入に当たっては，はじめにパイロットプロジェクトを行い，検討したことができるか確認を行った．パイロットプロジェクトから唯一必要だと認識した

のは標準化であり，モデルの作成方法・構成を標準化し，このシステムにより当局の業務の効率化を図っている。

　年間10万件の申請処理に対してニューヨーク市建築局職員は100名しかいないが，BIMによって命に関わらないようなものはソフトウェアが処理し，局員がチェックしなくてはいけない部分に集中することができるようになっている。検査の標準化により，例えばブルックリン建設現場では複数のタワークレーンの移動軌跡をシミュレーションにより，干渉チェックを行い，電子的に承認して現場を進めることができた。BIMモデル自体に承認されたかどうかのスタンプ（承認印）がついており，紙の図面に承認がされているのと同様に確認を行える。

　ニューヨーク市では，事業規模や施工会社の規模にかかわらずBIMモデルを義務化している。また，BIMの適用に対して追加費用は出していない。BIMの導入には大変な苦労が伴い，所属部署，組織，業界でBIMを広めるためにはサポータが必要になる。業界団体にいかにBIMのプロセスを導入させるかが課題であり，BIMを導入し効果を認識している施工業者に着目して推進していった。

　オーナー，設計者，小規模の建築業者からBIMの導入に対していろいろな要求を受け1年半ほど経過した頃に幾つかオーナー，設計者，建築業者からBIM導入の協力と了解を得ることができた。ニューヨーク市の経験ではBIM導入にプロジェクトのサイズは関係ないと思っており，中小企業や一人で経営している親方タイプでも価値を見いだしていると認識している，とのことであった。

14.1.4　建設コンサルタント会社との意見情報交換

　ニューヨークで訪問したパーソンズブリンカホフ（PB）社は，1885年創業の世界で最も歴史の長い建設コンサルタントの一つである。事業拠点は6ヵ国250箇所に及び従業員は約13,000名である。同社のジェイ・メツハー（Jay Mezher）氏からBIM/CIM導入事例の説明を聞き，意見情報交換を行った。

PB社ではBIMをVDC（Virtual Design and Construction）と呼びメツハー氏は14年勤務のVDC Directorである。同社では1998年から3D，4D，5Dに取り組んでおり，VDC，BIM，CIM（ここではComputer Integrated Manufacturing），これらのワークフローやスタンダード，デザイン・ビルド（DB）のプロセスに対する研究などに多くの投資をしている。世界中のPM，CMプロジェクトに携わっており，土木建築業界のリーダだと自負している。80名のスタッフがBIM，VDCに携わっている。Autodeskの認定指導者が15名，スタンフォード大学のVDC認定資格者が7名在籍している。

ライフサイクルのフェーズを横軸，作成するモデル情報を縦軸とした表に，使用すべきソフトウェアを記入した表を作成した。この表によりどのフェーズで何をどのツールを使用して作成するのかを確認でき，設計，施工，管理に到るまで，チェックリストとしても活用しており，全部で数十ページにも及ぶ。新人やBIMに精通していない者でもこのリストで確認することにより，品質を確保することが可能となっている。残念ながら，この表・リストは社外秘なので本書に掲載することはできない。

14.1.5　イリノイ大学アーバナ・シャンペーン校での調査成果

イリノイ大学アーバナ・シャンペーン校（University of Illinois, Urbana-Champagne）は，シカゴの南約250kmにある土木環境工学分野では全米で1，2位を争う名門州立大学である。我々を迎えてくれたのは，マニ・ゴルパーバー・ファード（Mani Golparvar-Fard）助教授で，数名のプレゼンテーションとディスカッションを行った。

最初に，ヤン・ラインハルト（Jan Reinhardt）博士による講演が行われた。ラインハルト氏は14年前にドイツから米国に渡り，カーネギーメロン大学で博士号を取得後，ターナー建設会社に入り，BIM活用の仕事を行い，2012年に，自身の会社を立ち上げた。

プレゼンテーションでは，BIMを使う前の2003年のディズニーホール・プロジェクトとBIMを活用した2006年のデンバー美術館との比較し，前者は工事

が6年間も遅れ、180億円ものコスト増があったのに対し、後者は工事の遅延もなく、不測の事態のための積立金は全て事業者に戻り、種々の賞も受賞した。この違いは、もちろんBIMの適用によるものだが、特にプロセスのマネジメントが重要だと強調していた。

施工者は施工中に疑問が発生した時に設計について正式に問合せをするRFI（Request for Information）の手続きを実施するが、2週間程度仕事が止まることが多く、全ての従事者の仕事が停止状態に陥る。また、下請け調整に2％のマイナスがあると言われている。

これらの無駄を極力削減するため、BIMモデルを活用した独特のマネジメントが実施されている。設計者やサブコンも含めたチームがBIMを使い、一同に会し、モデル内でリアルタイムに調整を行う「Social BIM」というマネジメント手法を実施している。

BIMで正確に施工モデルを作成することにより、「プレキャスト化」を進めている。それにより、現場配管、電気、ダクト等の現場での施工のやり直し（rework）と、それに要した人件費約20％を削減することが可能と試算していた。

さらに、BIMだけでなく、工場の生産管理システムを取り入れ、プロセスの改善をマネジメントしているとの説明もあった。その際、「トヨタの生産管理システムが米国の建設現場でかなり利用されている」とのことであり、今回の視察では、同様な声を幾度となく聞いたのも注目すべきことである。

最後に、イリノイ大学アーバナ・シャンペーン校の近くにある米国陸軍工兵隊（US Army Corps of Engineers）の工兵研究開発センター（ERDC）研究員ビル・イースト博士から、COBie（Construction Operations Building Information Exchange）に関する講演を聞き、実際のデモも見せてもらった。COBieについては第12章で紹介した。

14.1.6　スタンフォード大学での調査結果

スタンフォード大学（Stanford University）は、カリフォルニア州サンフラ

ンシスコ市の南東約50kmのシリコンバレーに位置する私立大学で，世界の大学ランキングで常にハーバード，MIT，ケンブリッジなどと競っており，エンジニアリング（特にコンピュータサイエンス）とビジネススクールが有名である。

スタンフォード大学では，BIM/CIMによる効果や人材育成について1988年からCIFE（Center for Integrated Facility Engineering：サイフィ）を設置し，研究を行っている。CIFEにはBIMに従事する技術者への教育プログラムが設けられ，生産プロセスにおいてBIMを適用する目的，既存プロセスの変化，費用対効果等に関する教育と研究を実施し，BIMマネージャの育成に努めている。CIFEの当時の共同所長の一人であるジョン・クンズ（John Kunz）博士から，CIFEに関する以下のような説明があった。

米国におけるBIMの取組みについては，日本と同様に他産業に比べて低い生産性と増加するインフラの維持管理の効率化が主な動機となっている。米国は日本のトヨタから生産性向上の方法を学び，建設分野に応用し，BIMを推進している。これにより日本の建設分野より，はるかに先を行くことができた。CIFEはVDC（Virtual Design and Construction）に関するアカデミックな研究センターである。VDCとは，社会資本の構築に関して業務プロセスを分析・整理し，3Dモデル等を活用して，建設に係わる全ての関係者が合理的にビジネスを進める方法を構築することである。

実施している教育・訓練プログラムには，在学生用に加え，CIFEの協賛企業のための戦略的プロジェクト・ソリューションがある。戦略的プロジェクト・ソリューションでは，建築，土木，設備分野の専門家がプロジェクトやビジネスにおいてVDCの利用方法や効果について学ぶことができる。なお，教育プログラムを日本で実施するとすれば，数週間の座学と実習，6ヶ月の実践が必要とのことである。

次に，我々は，長年BIMに関する調査研究を続けているAutodesk社のケン・ストウ（Ken Stowe）氏から，BIMのROI（Return on Investment：投資収益）に関する講演を聞いた。ストウ氏によれば，建設プロジェクトにおける全ての行動，設計，施工には，得るものと失うものが存在する。しかし，BIMに対し

て疑問を持っている人もROIに関する彼のワークショップを受けると，BIMの信仰者になると語っている。講演の内容は次の通りである。

　プロジェクトに同じものはなく，各々異なるゴールや問題が存在し，チームとして問題を解決しなければならない。BIMの効果として着目すべき項目の一つは，リワーク（やり直し）をいかに少なくするかである。多くの事例から，リワークによるロスは全体コストの12%と認識している。BIMを活用すると，この12%がどう変化するかを分析することが重要だと指摘した。

　例えば，設計変更の分量と工事中断との関係性を解明することにより，BIM活用によって工事中断のリスクの減少を定量化することができる。リワークは連鎖する問題構造になっていることから，どのリワークを改善し，どれに対して一番効果があるのかを特定することが重要である。

　これまでの研究事例から，設計段階でいわゆる図面不整合やありえない設計をなくすことでリワークの大部分は削減されるという結果を得ている。その際の削減コストは，プロジェクトコストの12.4%と考えられている。

　次に，BIMの導入による経済的な効果の内訳についての紹介がなされた。ほとんどの場合，BIMによりオーナーつまり発注者が65%の利益を得るとのことである。さらに，設計者は2%，サブコントラクタや下請け企業，専門工事会社は20%，設備，電気，配管などの専門工事業者が20%の利益を得ている。これらの値は，契約条件や契約制度によって変わる。

　スタンフォード大学の研究成果ではBIMを利用することで，47%のランニングコストが削減できることが報告されている。プロジェクト期間は47%短縮し，生産性は，業界平均に対して19%から30%改善するとしている。この分析結果を踏まえて，経済的効果の分配についても合意すべきと考えている。

　ストウ氏によれば，米国においても建築分野でのROIは数多くの研究事例や実施事例があるとのことである。特に，病院や学校等での適用事例が多いという。これは，発注者がROIのワークショップに参加し，経済的なコスト縮減に加えて早期完成，設備管理の効率化等の面で自らの利益になるとの判断を実施しやすいことが要因との解説があった。一方，土木インフラでは発注者の便益

の定義が多面的であることが導入の判断を遅らせているとの指摘もあった。

さらに，上記の効果はデザイン・ビルド（DB）での事例であることも付け加えられている。米国においても土木工事では設計と施工に大きな壁が存在しており，得られる効果も著しく減少してしまっていると指摘する。ただし，ストウ氏は土木工事の発注者もワークショップに引き入れることで，この壁を取り除くことができると締めくくっていた。

14.1.7　米国のCIM技術調査団のまとめ

本調査，意見情報交換から浮き彫りになったことは，まず，米国では，日本より少なくとも数年は先んじて土木建設プロジェクトにBIMの方法を様々な形態で柔軟に適用し始め，実務経験から多くの知見を得，その効果を測りながら，調整しつつある段階にあるということである。

次に，その経験から，異口同音にBIM/CIMは，現状のソフトウェアを適用させただけでも，それなりに効果があるが，さらに大きな効果を得るためにはマネジメント手法に依存する，という点である。米国では，設計段階にミスがあると，施工段階でRFI（Request for Information）が提出されて，問題解決されるまで施工がストップしてしまうこと，リワーク（やり直し）や訴訟に発展することが多いといった日本の建設事情と異なる点があり，BIM/CIMを導入することによって，明らかに効果があると実感できるようである。施工中断や訴訟問題は，プロジェクト関係者にとって極めて大きなリスクであり，こうしたリスクを低減することがBIM/CIMでまず期待されている。

BIM/CIMの導入は，必ずしもデザインビルド（DB）だけでなくデザイン・ビッド・ビルド（DBB）方式のプロジェクトにも適用されており，それなりの効果を上げている，とのことであった。しかし，さらに大きな効果を上げるために，様々な生産システムや契約方式を試しており，そうした方式では，建設コンサルタントがプログラム・マネジャとして設計を実施するコンサルタントとは別に加わり，施工段階でも極めて重要な役割を演じているということである。BIM/CIMを維持管理において役立たせるCOBieは画期的な手法であり，今回

の調査で開発者本人であるイースト博士から実演もして頂き，貴重な知見を得た。

　本調査を手始めに，米国における産官学CIM実務者との協調関係を構築し，今後の重要課題であるCIMモデルの国際標準化や社会資本の運用及び維持管理段階でのCIM活用方策について，継続的な情報交換を可能とし，今後の国内におけるCIMの普及・推進を加速できると確信した。

14.2　欧州におけるCIM技術調査団2014

14.2.1　概要

　前節で記したように，2013年度は米国に調査に行って，大きな収穫を得ることができたことから，土木学会土木情報学委員会の国土基盤モデル小委員会およびICT施工研究小委員会では，BIM/CIMの先端を行く，もう一方の地域である欧州に，前年同様の目的で，産官学からなる調査団を結成し，欧州CIM技術調査2014を実施した[3]。

　調査団は筆者を団長とする9名で，日程は，2014年10月19日にフランスのパリに入り，21日にロンドンへ行き，23日にドイツのデュッセルドルフに到着して，24日にボーフムを訪問し，25日にそれぞれの目的地に向けて解散した。

14.2.2　フランス

　フランスでは，最大手の建設コンサルタント会社であるEGIS（イージス）社本社を訪問した。同社の年間の売上高は8.81億ユーロ（約1,300億円）で，事業構成は，20％が道路や空港の運営管理事業であり，残りの80％が設計エンジニアリング事業である。職員数は12,000人であり，その内訳は，運営管理事業が4,700名で，7,300名が設計エンジニアリング事業であり，この内4,300名がフランスで業務を行い，残りの3,000人が海外で業務を行っている。フランス国内での売り上げは全体の51％であり，49％は海外での売り上げである。

　EGISでは，BIM/CIMに以前から積極的に取り組んでおり，既に国内だけ

でも50個もの大きなプロジェクトに適用させ，国外でも同様に大きな成果を上げている。これらのプロジェクトは，EPCM（Engineering, Procurement, Construction, and Management：エンジニアリング，調達，施工，管理）と呼ばれる契約方式で進めており，発注者の行う仕事を相当に請け負っていることがうかがえた。

ただ，フランスでは，国として建設分野におけるデジタル情報の利活用に積極的に取り組み，研究プロジェクトにも資金を投入しているが，BIM/CIMについては，英国の一歩後を，様子を見ながら進むという姿勢がうかがわれた。フランス政府が民間企業を中心とするCIMのグループへ研究資金を拠出しているプロジェクトは，MINnD（マインド：Modélisation des INformations INteropérables pour les INfrastructues Durables：社会インフラのための相互運用可能な情報モデル化）と呼ばれるもので，EGIS社の他に，大手建設会社であるBouygue（ブイーグ）社等が参画している。

14.2.3　英国政府のBIM戦略

英国では，まず官庁の一つであるBIS（Department of Business, Innovation and Skills：ビジネス・イノベーション・職業技能省）を訪問した。そこでは，英国政府のBIMタスクグループのレベル2ディレクターであるテリー・ストックス（Terry Stocks）氏らが迎えてくれ，英国での取組みについて，以下のように紹介してくれた。

英国では，2011年5月にBIM Mandate（BIMの義務化）と呼ばれる政策を公表し，2016年にはBIMを義務化する目標を打ち出した。このプロジェクトを進めるに当たって，早い段階から業者の参画を促した。目標は各部署での建設に関する20％のコスト削減であり，その担保として，各省庁は建設予算の20％を国に返すことも記述されている。また，コンストラクション2025というさらに進んだ戦略ドキュメントも公表されており，その目標値はコスト削減33％，工期短縮50％と更に高い目標となっている。

BIMの利用率は2016年までに，全ての省庁で96％から100％が目標になって

いる。1千万ポンド（約20億円）以上のプロジェクトでBIMによる調達及び活用が行われている。2009年を基準として中央政府における，2014年までのコスト削減率は，12～20％となっている。この値はBIMだけの効果ではなく，リーン・プロセス（トヨタによる方法）やECI（Early Contractor Involvement：設計段階で施工者の意見を聞く方法）などの技術がこのコスト削減に寄与している。これらによる2013年の原価削減は8億4千万ポンド（約1,600億円）となる。

　BIMによる設計段階でのコスト縮減効果というのは小さく，施工段階でもまだ小さい。維持管理になって縮減効果は大きくなり，さらに構造物内でのビジネスコストの削減，あるいはそのビジネスによる利益の増大といった効果が大きいと考えている。そのためには，単なるデータを情報に，さらには知識にしていくことが重要だ。また,効果というものを定義し,計測することも必要だ。GSL（Government Soft Landing：ガバメント・ソフト・ランディング）とは，BIMを活用する人にどう情報を提供するかあるいは教育をするかということである。GSLは，最初に導入効果を定義し，それを計測して，設計施工と同時に維持管理段階でのニーズと統合するということを目標としている。

　そこで，英国では維持管理の際に，どのような情報が必要で，どのようなフォーマットが適切かを標準化し，サプライチェーンに，標準に則ってデータを提供するよう要求している。英国ではアセットマネジメントに関する標準を作成し，ISOのPAS（Publicly Available Specification：一般公開仕様書）55 Asset Management Systemとしており，さらに，維持管理に関する情報管理については，PAS 1192-2，1192-3，1192-4を定め，出版している。将来的には，ISOのIS（国際標準）を目指している。

　BIMを政府が義務化するということは，言うは安く，行うは難い。必ず抵抗が起こる。そこで，成功するためには，組織の従来の考え方を変えることが必要で，そのためには，従来の仕事のやり方を分析し，プロセスを紐解き，BIMによりどう変わり，どんな効果があり，そのためにどんな技術を習得する必要があるかを関係する人々に教育していくことが重要だ。政府としては，英国独自の研修のプログラムを作成し，提供している。

14.2.4 BREとBIMレベルチャート

2014年10月22日ロンドン郊外にあるBRE（Building Research Establishment：英国建築研究所）を訪問した。BREは，日本で言えば独立行政法人建築研究所に相当するが，既に民営化され財団のような形態となっている。我々が訪問した際，たまたまマーヴィン・リチャーズ（Mervyn Richards）教授が在席しており，幸運にも講演をして頂いた。リチャーズ教授は，有名なBIMレベルチャートを英国政府のBIMタスクグループのマーク・ビュー（Mark Bew）氏と共に作成したBIMの世界では著名な専門家である。

BIMレベルチャートを図－14.1に示す。このチャートは専門家ではない政府関係者でも理解できるよう分かりやすく作ってある。リチャーズ教授の講演では，この図はビュー氏と一晩で気楽に描いたのだが，今では世界中で使われており，驚くと共に役立ててうれしい，と語っていた。

それぞれのBIMレベルの要求性能は以下の通りである。

レベル0：2次元の作図CADによる紙ベースあるいはCADファイルによるデータ交換

レベル1：標準化途上のデータ構造やフォーマットのデータ共有環境を提供する2次元あるいは3次元CAD。コスト情報は個別の財務あるいはコスト管理ソフトで管理され，CADデータとは統合されていない。

レベル2：属性データ付与機能を持つBIMツールによる3次元環境。コスト情報はERPシステムや市販のインタフェースあるいはカスタマイズされたミドルウェアによって管理される。このレベルのBIMでは4D施工進捗シミュレーションや5Dのコスト情報を扱うことができる。英国政府のBIM戦略文書では，英国建設業界は2016年までにBIMレベル2を達成することを求めている。

レベル3：Webサービスや現在標準化進行中のIFCにより実現される完全なデータ連携や協調プロセス。このレベルのBIMは4D施工進捗シミュレーションや5Dコスト情報，さらには6Dプロジェクトライフサイクル管理情報を扱うことができる。

第14章　先進諸国の取組み

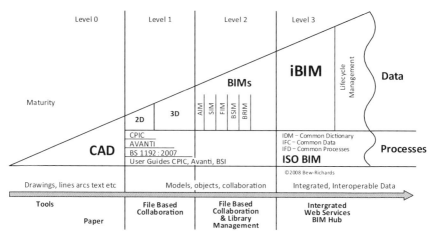

図-14.1　BIMレベルチャート

　英国BIMの戦略は，前述のように，2016年にBIMレベル2を達成し，かつBIMを義務化することで建設事業を20％効率化することである。また，2025年にはBIMレベル3を達成し，33％のコスト縮減と50％の工期短縮することを目標としている。

　この2016年のBIMレベル2達成によるコストダウン20％という目標は，マーヴィン教授が2004年に取り組んだアバンティ（Avanti）・プロジェクトで得たBIM効果の検証結果が根拠となっている。アバンティ・プロジェクトは同一形状の建築物を複数建てる際に，施工条件を変えてコスト，工期を検証したものである。

　建設業界全体を2016年までにBIMレベル2に引き上げることが英国政府のプロジェクトとなっている。これは英国の220万人を対象としており，非常にチャレンジングな内容となっている。これを達成するために様々な大学で教育を実施しており，BREではその成果である教育のレベルを認定する活動を行っている。また，大学を卒業し建設業界にいる技術者に対しての教育も存在しており，その達成度を認定する活動を行っている。その認定された専門家はサーティファイド（認定）エンジニアとなる。また，BREでは10年間に2,500名の工事

関係者に対してBIMの教育を施し，1千万ポンド（20億円）を費やし，2億ポンド（400億円）の利益相当の作業が改善されたと報告されている。

なお，BIMはInformation ModelingからInformation Managementという考え方に変わってきている。大学では単独の科目としてのBIMではなく，様々な専門家が利用できるBIMを目指している。さらにBIMのBは建築を意味しているが，本来は土木にも適用されるべきと考えているので，「Information Management」と呼び変えている。

BIMレベル2のデータ管理手法は，CDE（Common Data Environment：共通データ環境）と呼ばれる。プロジェクトでは一般的に役割分担を定めた複数のグループで活動している。その各グループが作成した情報は「承認」のプロセスを経てから共有される。「承認」は決められた過程を全て満足した上で行われる。承認され共有を許可された情報は各グループで参照することができるようになる。情報を作成して承認され，共有された情報が，発注者により承認されることで契約書類に利用される。このプロセスを通すことにより，情報の不確実さ，不完全さ，曖昧さを払拭すると考えている。また，情報自体の所有者が明確になる。

土木関連のプロジェクトにおいて3次元モデルは情報の一部という認識で，全体のプロジェクトを完成させるために必要な情報の5%と捉えている。従って，プロジェクトを完成させるためには3次元モデルだけではなく，全ての情報を運用・管理する必要がある。

BIM活用効果の計測を行ったプロジェクトの一つが，ヒースロー・エクスプレス・プロジェクトである。このプロジェクトの大部分は地下鉄道路線，地下トンネル，地下の通路といった土木プロジェクトで，その一部に対してコスト縮減の計測を実施し，大きな効果があったことが報告されている。

これらのコスト縮減効果はライフサイクル全体での数字となる。例えば，設計フェーズでは25％のリソース削減が実現された。施工では工期の縮減が実現され，RFIの削減も実現された。さらにコスト削減としては投資の削減も実現している。それ以外の効果として，精度および品質の高い情報が，竣工後の維

持管理で有効に利用されると考えている。ただ，竣工後のコスト縮減は計測できていないので今後の課題である。

　BIMにおいて維持管理で利用する情報の調達手段を定義したCOBieについて，BS PAS1192-4に記載されている。この補足資料としてBS8541シリーズがあり，モデルの表現方法や手続きが示されている。なお，このCOBieは英国独自のものであり，米国で活用しているCOBieとは違うものと認識している。現在は建築に関連するものが規定されており，土木分野のCOBieは将来的には定義される予定だが，まだ議論中であり現時点ではほとんど入っていない状況である。

14.2.5　ICE（Institutions of Civil Engineers：英国土木学会）

　ICEは1818年に設立され，英王室に1828年に認定された非営利の組織で様々な土木，政策，学術に関する活動を行っており，出版物による土木工学の知識普及および知識の価値の最大化が事業の一つである。また，土木に関する政府の意思決定に対し，影響力を与える活動を積極的に行っている。我々がICEを訪問した際，ティム・ブロイド（Tim Broyd）副会長（次期会長），ジェニファー・ホワイト（Jennifer Whyte）レディング大学（University of Reading）教授らが我々を迎えてくれ，学会としてBIMにどう取り組んでいるかを講演してくれた。

　ICEでは，英国政府のBIMタスクグループとは異なり，実際に活動することを目的としたBIMアクショングループを設立した。BIMは政府・業界ともに非常に進化が早く，研究分野においても進みが早いことから，ICEとして様々な活動に対して影響力を行使することが必要と考え設立された。ここでは，BIMに関する情報提供やトレーニングなどを行っている。

　BIMアクショングループではメンバーに対して情報を提供するだけでなく，BIMの理解度を示すものとし色分け図を作成する活動も行っている。この図はアンケートによりBIMにおいて理解できている範囲，理解できない範囲を抽出し，色分けしたものである。これにより，BIMの技術的な部分では理解が進んでいるが，BIMのマネジメントの部分ではそうでないことが示された。また，

土木業界の大多数の技術者はBIM＝3次元と理解している事がわかる。しかし，BIMは，「データ」，「そのデータのコーディネート」，「最終的にCOBieに即した形でデータを蓄積する」といった情報のマネジメントが重要であり，このことを業界に示していく必要があると強調していた。

14.2.6 HS2（High Speed Two Limited：英国高速鉄道株式会社）

　英国高速鉄道株式会社（High Speed Two Limited）は，英国の新しい高速鉄道網を整備する責任組織であり，英国運輸省が所管している。HS2プロジェクトとは，ロンドンからイングランド中部バーミンガム（延長250km）及び同北部のマンチェスターとリーズまで（延長500km）を結ぶ新高速鉄道の建設計画である。新鉄道は，「High Speed 2」を略した「HS2」との通称で呼ばれている。計画は二段階にわたって実行され，第一段階であるロンドン－バーミンガム間の鉄道建設が承認されている。第一段階の工事は2017年までに開始され，2026年に開通の予定である。第二段階であるマンチェスター及びリーズ行きの路線については，2014年後半に詳細が発表され，2032～33年に開通する見込みとのことである。

　この計画に対しては，新鉄道の沿線に位置することになる地域の自治体や住民などから，騒音等の環境面での影響などを理由に，強い反対の声が上がっている。こうした多くの人々の反発を考慮し，政府が発表した最新の計画では，鉄道がトンネルを通過するルートが増えており，本プロジェクトでは，建設中及び供用後の環境への影響や巨額の建設コストについても注視されている。

　このためHS2では，決められた時間と予算の中で効率よくプロジェクトを遂行するために，既存のルールにとらわれない新たなプロジェクトマネジメントを行うこととした。それがBIMの導入である。BIM導入の主たる目的は，維持メンテナンスの効率化ではなく，第一に「プロジェクトを通じての生産性の向上」，第二に「プロジェクトに関わる情報の欠落や情報共有の少なさ等による手戻りやムダの縮減」に置いている。技術的チャレンジに加えて，既存の契約制度には手を付けずにカルチャー（契約，管理手法を含む）を変えるチャレ

ンジにも取り組むとしている。

　HS2では，BIMの採用に際し，「誰がどの段階で誰と何を調整しどのような意思決定をするのか」というプロジェクトマネジメントの有り様について，数名で数ヶ月間，議論をして，その結果を「BIM Journey」と名付けられた大きなポスターとして表した。一つのプロジェクトが完成しても，非常に長い間維持管理していかなければならない。その時，必要な情報がどこにあるか担当者は理解しておかなければならない。こういった場面でBIMが活躍することをこの図は示しているが，図そのものは著作権の関係から本書では掲載しない。HS2におけるBIMとは，計画・設計から施工・維持管理までの情報をマネジメントすることであり，データそのものが非常に重要となる。その重要なデータをサプライチェーン（設計者，施工者，サブコン等）から正しく納入してもらう必要があり，そのためには，ある組織の中だけではなくサプライチェーンを含めて，データ作成方法や管理方法，提出方法について規定する必要がある。こういったルールが整備されれば，BIMを活用することで，より安く，安全に，付加価値の高いプロジェクトを提供することができるとHS2は考えている。

　HS2は英国では前例がないスケールでBIMを使い，中央政府と同じく2016年までにLevel 2を成し遂げる計画を公表している。情報利活用の面では，クラウドやデジタルデータを使用するためにBIMを使うとしている。これらの目標を成し遂げるためには，サプライチェーン（調査会社，設計会社，施工会社，施工協力会社，資機材納入業者など，購買・法務・人事も含む）のBIM能力はHS2と同等である必要がある。2013年11月時点では，HS2に関連するサプライチェーンのかなりの組織団体がBIMそのものをよく知らないか，BIM運用の能力が欠如していることが明白であった。そこで，HS2では，「HS2 Supply Chain BIM Upskilling Study」という教育システムを用意して，サプライチェーン全体としてBIMのスキルアップを開始している。

14.2.7　ドイツ・ルール大学ボーフム

　10月24日にRUB（Ruhr-Universität Bochum：ルール大学ボーフム）の土木

環境工学科マルクス・ケーニッヒ（Markus König）教授の研究室を訪問した。RUBでは，周辺の既存構造物への影響評価も含めたシールドトンネル工事のCIM統合モデルの研究プロジェクトを進めている。この研究プロジェクトはドイツ研究財団から12年間で3,000万ユーロ（約40億円）の資金を獲得して実施している。

シールドトンネル工事は，掘削機械，地盤，覆工および既存構造物との相互作用が複雑に絡みあっており，このような複雑なシステムを取り扱うために，研究分野として地盤に関するもの，掘進状況のシミュレーションに関するもの，トンネル覆工やグラウトに関するもの，および既存構造物のリスク評価に関するものに大別され，全部で15のサブ研究プロジェクトをRUBの複数の研究室が共同で進めている。ケーニッヒ教授の研究室では，これらのサブプロジェクトをBIMで統合する研究を行っている。

彼らはデータマネジメントの観点からこのシステムを捉えており，ここで取り扱われる様々な種類，スケール，様式，プロジェクト段階のデータを統合することを目指している。研究の目的は，これらの様々な部分モデルをリンクさせ，部分モデルに関連するデータを統合させ，可視化させる統合モデルTIM（Tunnel Information Model）を構築することである。現段階では全ての領域を統合するまでは至っていないが，地盤，トンネル，掘削機械，計測データ等の各部分モデル等を統合するところまではできている。この機能を実現するため，様々なモデルの情報を格納することが可能なマルチモデルコンテナー方式を採用しており，IFCをベースとして評価・可視化ができるようになっている。

掘削機械はシールド工事の現場において最も重要な設備であり，工事の進捗はこの機械に左右される。掘削機械を既存のIFCを拡張してモデル化し，寸法，材質，製造情報，運転データ等の情報を付与した。掘削機械自身をモデル化した理由の一つは，FEMシミュレーションのために機械の各部材の要素・剛性を考慮する必要があったことであり，もう一つの理由はロジスティクス（材料の入搬出）をシミュレートするためとのことであった。トンネル本体のモデルはミュンヘン工科大学と協同で開発した。IFCをベースとし，パラメトリカル

な形状を有し，異なるLOD（Level of Detail）に対応している．

14.2.8　ドイツ・ホッホティーフ

　RUBでは，ドイツのホッホティーフ・バイコン（Hochtief ViCon）社のマルク・ティエール（Marc Thiel）BIMマネジメント部門長とシーポイント（Ceapoint）社のヨッヘン・ハンフ（Jochen Hanff）代表との意見情報交換も行った．

　ホッホティーフ社は社員数約8万人，2013年度売上高約3兆6千億円の巨大な建設会社であり，2014年の建設会社売上ランキングでは世界第7位で，国外の売上ランキングでは第2位である．ホッホティーフ・バイコン社はホッホティーフ社が2007年に発足したBIMマネジメント部門を独立させた会社で，親会社だけでなく他社のプロジェクトマネジメント業務も実施している．既に400以上のBIMプロジェクトを実施し，高度なBIMデータ連係ソリューションを顧客に提供している．

　同社では，3D形状データとスケジュール，コスト，材料集計表やその他の情報を統合してn次元のBIMデータを作成し，数量算出，施工協議，維持管理，運用，営業活動，スケジュール調整を実施する．特徴としては，単に3次元的に構造物が可視化できるということではなく，これらの情報の構造がn次元データモデルを介して可視化できる点とプロジェクトの進行の各フェーズにおいてモデルタイプと利用目的がきちんと定義され目的に応じた使いやすいソフトウェアが提供されている点である．

　同社では，WebベースのBIMマネージメントシステムを利用して，土木・建築における様々なプロジェクトでBIMマネジメントを実践している．実際の利用のイメージは以下のようになる．3D設計協議プロセスは，まず設計者あるいは外注業者がそれぞれ担当分野の3D設計から始まる．それぞれの分野の設計が完了するとそれらは干渉チェック担当者に渡る．担当者は各設計モデルを統合し，干渉チェックを実施する．発見された干渉結果はWebベースの3D BIS（3D Building Information System：設計協議システム）により分類されそれぞれの工種担当者に報告され設計変更が実施され，干渉（問題点）が除去

されると図面化され出力される．施工現場では，技術者は全員iPadを携帯し，リアルタイムに検査や計測結果をサーバーに送っており，即座にデータモデルに反映される．

参考文献

1）土木学会土木情報学委員会米国CIM技術調査団：米国におけるCIM技術調査2013について，建設ITガイド2014，pp.36-41, 2014.
2）土木学会土木情報学委員会米国CIM技術調査団：米国におけるCIM技術調査2013報告書，2014.
3）土木学会土木情報学委員会欧州CIM技術調査団：欧州におけるCIM技術調査2014報告書，2015.

第15章 CIM技術者の育成と CIMの将来像

　今後，CIMが裾野を広げると共に高度化し，将来，あるべき姿を目指していくためには，人材の育成は欠かせない。前章で紹介した米国のプログラム・マネジャのような立場で仕事ができるCIM技術者を育成していくことが急務だと思われる。一方，中間管理職や経営者（あるいは，それに近い上級管理職）のCIMに関する教育や研修の重要性を強調しておきたい。CIMは，いくつかのステップを踏んで，将来，IPDを目指すことになると考えられる。

Keywords
　CIM技術者，プログラム・マネジャ，教育・研修，IPD，将来像

15.1　CIM技術者の育成

15.1.1　プログラム・マネジャとCIM技術者

　日本においては，CIMは2020年くらいまでは，試行を拡大していきながら，土木分野の人々がCIMを初めて知り，徐々に理解していく期間だと考える。この期間に，体力のある建設コンサルタントやゼネコンは，3次元CADソフトの導入と社員研修を行い，CIMに向いている技術者とそうでない技術者に分類されていくだろう。

　前者については，本人の希望も聞きながらであるが，何人かを集めてCIM室のような部署を新設して，いくつかのプロジェクトを担当するようになると思われる。後者については，無理強いをすることは良くない。

　前者をCIM室に集める理由は，通常の設計や施工管理の仕事をやりながら，

第15章　CIM技術者の育成とCIMの将来像

時々3次元CADを使おうと思っても，現状の3次元CADソフトは2次元CADソフトと違って，使い方が難しく，忘れてしまい，毎日のように使わないと使いこなすことが困難だからである．ただ，彼らは，CADの単なるオペレータになるわけではない．オペレーションを通じて，CIMの本質を勉強して，次のステップに備える時期なのである．彼らは，データの一元的な管理をし，必要に応じて，種々のシミュレーション・ソフトを駆使して，様々な問題を解決していくだろう．そして，情報の流れとその管理の重要性に気付き，まさにそこに天職を見つける技術者が出てくるだろう．彼らはCIM技術者となるのである．CIM技術者というのは，オペレーションも行うが，主な業務は，数多くいるプロジェクト参加者達の情報マネジメントをすることなのである．

一方，いわゆるCADオペレータについては，派遣社員や下請会社に出すこともあるだろうし，海外の発展途上国の会社に委託する手もあろう．いずれにしても3次元CADオペレータの需要は今後，益々大きくなるだろう．

CIMがこうして社会に浸透していけば，CIMの概念をよく理解し，オペレーションもできる優秀なCIM技術者を，プロジェクトの中でいろいろな場所や会社に分散させておくのではなく，米国のPB社のようなプログラム・マネジャとして発注者と受託契約をして，設計者と施工者との橋渡しや監督のような仕事をする方が，全体として効率的だと発注者も受注者も気付くに違いない．そうなれば，CIM技術者は立場も明確になるし，会社に対して大きな収益をもたらす貴重な戦力として高く評価されるようになるはずである．数十年前に，発注者から建設コンサルタント会社が分離していったのと同じように，別会社になる等，業界再編が起こる可能性もある．何しろ，米国では，プログラム・マネジャはプロジェクトの総事業費の10％分の費用で受託するのである．そういった人材を育成できるかどうかが，今後，数年から10年間が鍵になろう．

15.1.2　管理職・経営層とCIM

中間管理職にとってCIMはどうであろうか．もちろん，彼らがCADのオペレーションをやっていたのでは話にならない．しかし，3次元CADの使い方

やプロダクトモデルの仕組みやデータの相互運用について全く知識を持っていなくて，部下に任せっぱなし，やらせっ放しでは駄目である。筆者は，今後，中間管理職は，コンピュータや情報通信機器，各種のソフトウェアなどについて的確な知識とセンスを持ち，部下に何をどうさせるべきなのか，正確な判断をし，きちんと管理できるようになることが，今以上に重要になると考えている。従って，中間管理職へのCIMやICTに関する研修は，実はCADのオペレーションを若手社員に教育するより，もっと重要であると思われる。

CIMは，将来，契約方式などを含めて，仕事のやり方や業界そのものを大きく変える可能性がある。従って，会社経営に関与している役員や上級管理職こそ，CIMについてしっかり勉強する必要がある。CADのオペレーションは知る必要はないが，大体どういう仕組みなのかを理解した上で，データや情報の生成，流れ，蓄積を効率的に管理できるかどうかが鍵になろう。これは，センスである。こうしたセンスが欠けた上級管理職がいると，その下の社員は非効率的な仕事を強いられることになり可哀想であるが，早晩淘汰されるだろう。一方，センスのある上級管理職は，新しいビジネスモデルを考え出したり，新業務形態に打って出るかもしれない。また，国内の建設投資額が減少していくと予想されている2020年代以降に，海外で市場を開拓していく際に，大いに活躍することだろう。

15.2　CIMの将来像

そもそも，つまらない仕事とは何だろうか。それは，やり方が決まっていて，面倒くさくて，ミスをすれば怒られ，きちんとできても当たり前だと言われ，何も創造性や自分のアイデアを加える機会がないような仕事であろう。土木技術者のように創造性があり，理数系に強く，知能が高い人たちにそんな仕事が面白いわけがない。今の仕事がそんなものばかりだとは言わないが，総合技術評価方式のようにアイデアを出さなければ，仕事が取れないようなものは面白いだろう。しかし，そうした仕事も，大きなプロジェクトを細分化していった

極小さな断片であれば,やりがいも今一つになってしまうのではないだろうか。

また,設計や施工の際に,何らかの問題を発見して解決すべきだと言ったとしても,制度的に,あるいは力関係などにより,自らを抑え込んで,曲げなければならないような事態が頻発すれば,これも幸せとは言えないだろう。

プロジェクト全体として,良いものを作りたい,利用してもらいたい,それが実現できたら幸せだと感じることができるのではないだろうか。筆者は長期的な視点ではCIMはIPDを目指すことになると予想している。

IPDは,13.4で記述したように,発注者,設計者,施工者,維持管理者,その他関係者が一つの3次元モデルを共有しながら一体となって,部分を担当しながらもプロジェクト全体にコミットし,協調的に計画から維持管理までのライフサイクルを実施するプロジェクト推進方式である[1]。しかも,発注者にとって利益になるように提案することによって,受注者も利益を得るという一挙両得の仕組みなのだ。技術者がプロジェクトへより大きくコミットすることにより,断片を仕事の対象とすることから,より大きく,より長い期間の仕事に従事できるようになり,プロジェクトの醍醐味を味わうことができるようになると考えている。それにより,仕事におけるやりがいと幸福感を感じ,より良いプロジェクトに通ずると考えている。そうすれば,若い人達が土木技術者になりたい,と憧れるようになる可能性があると信じている。

最近,若い人達を何とか建設分野に呼び込もう,そして,定着させようという努力が始まっている。筆者は,小手先の対応ではなく,根本的に仕事のやり方,つまり,全体システム,制度の改革が必要だと考えている。CIMは,まさにその全体システムや制度を大きく変える可能性を持つものなのである。

参考文献
1) 家入龍太:コンストラクション・インフォメーション・モデリングCIMが2時間でわかる本,日経BP社,2013.

おわりに

　筆者は，1982年に電源開発株式会社（J-POWER）に勤務していた時，3次元CADを東京晴海の展示会で生まれて初めて見た。その2年後，当時最先端の3次元CADシステムを土木部門が導入し，計画・測量から設計，積算，維持管理までの業務をCADで行うべく開発と実務への適用を開始した。筆者はその時にCADに携わったことから，もっと深く先端的な勉強をしたいと思い，1988年に米国スタンフォード大学に留学したが，土木建築における情報技術に関する研究レベルの彼我の差と自分の基礎のなさに愕然とした。1992年に何とかPh.D.を取得して帰国すると，会社で3次元CADからの撤退を告げられた。当時のハードとソフトは高価な割に安定性が欠けており，ユーザからの不満が大きかったことが原因だったようである。その後いくつかの部署を異動し，1999年に大学に転職し，今でいうCIMに関する研究を始めた。

　2011年に土木学会情報利用技術委員会の委員長に就任し，翌年，土木情報学委員会に改名した時に，国交省がCIMを開始する事を知り，委員会として全面的にコミットすることを内外に宣言した。その背景には2つの思いがあった。一つは，情報技術に関する表面的な知識だけではなく，留学で思い知らされた強固な基礎を持たねばならない，ということである。もう一つは，CIMは人の仕事のやり方を大きく変えることになるので，ステップを踏みながら，粘り強く普及活動を行い，理解と協力を得ることの重要性である。

　前者については，土木情報学という学問分野を確立すべく，学問としての体系化，論文集の高度化，国内での土木建築情報学国際会議ICCBEIの定期的開催，教育カリキュラムの作成，教科書の執筆を行った。後者については，全国各地で毎年10回以上CIMセミナーを開催し普及活動を行った。その中で，CIMに関してまとまった本の必要性を強く感じるようになっていたところ，2013年12月に畏友である建設ITジャーナリストの家入龍太氏が「CIMが2時間でわかる本」（日経BP社）を上梓された。そのタイミングの良さと速さに舌を巻く

おわりに

だけでなく，CIMに関して網羅的にわかりやすく記述されており，素晴らしい内容だと感服した。一方，筆者の方は，2013年11月と2015年4月に土木建築情報学国際会議ICCBEIを主催したこともあって，本書の執筆は大幅に遅れてしまったが，こうしてようやく出版する運びとなったことは感慨深い。

出版にこぎつけられたのは，大勢の同僚，友人，知人のおかげである。特に，土木学会，日本建築学会，精密工学会などの学会関係者，国土交通省，CIM制度検討会，CIM技術検討会，産学官CIM検討会，一般財団法人 日本建設情報総合センター，公益財団法人 日本建設情報技術センター，一般財団法人 港湾空港総合技術センター，一般社団法人 IAI日本，一般社団法人 日本建設機械施工協会，一般財団法人 関西情報センター，産学官CIM・GIS研究会などの関係者，海外の大学，研究所，企業などの友人達，そして，大阪大学の矢吹研究室の皆さんにお礼を申し上げたい。

最後に，毎日夜半まで大学で執筆する筆者を支えてくれた妻智子に感謝する。

2015年11月18日（土木の日）

　　　　大阪大学　大学院工学研究科　環境・エネルギー工学専攻　教授

　　　　　　　　　　　　　　　　　　　　　　　　　　矢吹　信喜

索　引

〔数字〕
３次元地盤モデル　115
4Dモデル　143

〔A〕
AIA　134
AR　72
ASP　165

〔B〕
BIM　15
BIMForum　134
BIMアクショングループ　184
BIMタスクグループ　179
BIMの義務化　179
BIMレベルチャート　181
BRE　181
buildingSMART International　89

〔C〕
CAD　45
CGの父　45
CIFE　36, 175
CIM　21
CIM（Computer Integrated Manufacturing）　46
CIM技術検討会　23
CIM技術者　192
CIM試行業務　51
CIM試行工事　55
CIM制度検討会　23
CIMの定義　23

CIMモデル事業　51
CM　161
CM方式　162
COBie　151
CSG　65

〔D〕
DB　159
DBB　159
DSM　104

〔E〕
ECI　161
EGIS　178
ENIAC　44
EVMS　146
EXPRESS-G　84
EXPRESS言語　81

〔G〕
GIS　106
GNSS　97
GPS　96

〔I〕
IAI　88
ICタグ　60, 147
IDM　92
IFC　88
IFC-Alignment　126
IFC-Bridge　90
IFC-Railway　127

索　引

IFC-Road　126
IGES　46
Internet　47
IoT　47
IPD　164
IPD遂行のためのガイド　166
ISO 10303　81
ISO 16739　89
ISO-STEP　81

〔L〕
LandXML　122
LCC　21
Level of Detail　132
Level of Development　133
LOD　132

〔M〕
M2M　47
MINnD　179
MMS　101
MVD　93

〔N〕
NASA　46
NIST　36

〔R〕
RFI　18, 177
RFID　147
RIBA　135
ROI　175
RTK-GNSS　98

〔S〕
Sketchpad　45
SONAR　105

ST-BRIDGE　132

〔T〕
TIN　109, 187
TS出来高管理　141

〔U〕
UML　77
Upper Surface Method　114

〔V〕
VDC　175
VR　71

〔W〕
WTC　169

〔ア〕
アイヴァン・サザーランド　45
青図　44
飛鳥寺　41
アニメーション　70
アバンティ・プロジェクト　182
安全　57

〔イ〕
胆沢ダム　60
維持管理　153
位相　69
依存　79
イリノイ大学アーバナ・シャンペーン校　173
インスタンス　75
インフラ分科会　90

〔ウ〕
ウィングドエッジデータ構造　64

198

索　引

ウォーターフォール・モデル　18

〔エ〕
英国高速鉄道株式会社　185
英国土木学会　184
エンティティ　81

〔オ〕
オイラーの公式　67
欧州CIM技術調査2014　178
横断面　119
オーグメンテッド・リアリティ　72
オクトリー　66
オブジェクト指向技術　73

〔カ〕
改正品確法　162
可視化　53
ガスパール・モンジュ　43
課題　56
画法幾何学　43
干渉　53
干渉測位法　98
関連　79

〔キ〕
境界表現（B-Rep）　64
協調的　194

〔ク〕
クラス　75
クロソイド曲線　117

〔ケ〕
継承　77
経年劣化　31

〔コ〕
効果　56
公共工事の入札契約方式の適用に関するガイドライン　162
航空レーザ計測　102
国土基盤モデル　155
固定式地上レーザ計測　100
コンストラクション・マネジメント　161
コンストラクション2025　179

〔サ〕
サー・ジョン・ハーシェル　44
サーフェスモデル　63
サイバーインフラストラクチャ　155
栄IC・JCT　60
サッター医療センター　166

〔シ〕
ジェネレート・アンド・テスト　130
事業促進PPP方式　162
「自動化の島」問題　16
実現　79
社会資本メンテナンス元年　153
写真測量技術　103
縦断線形　118
集約　78
上級管理職　193
情報化施工　139

〔ス〕
スイープ表現　65
数量計算　53
図学　44
スキーマ　81

199

索　引

スタンフォード大学　174

〔セ〕
設計　129
設計・施工一括発注方式　159
設計・施工分離発注方式　159
センサ　154
センシング　154
全体最適化　49

〔ソ〕
曽木の滝　58
属性　75
ソリッドモデル　63

〔タ〕
多様な契約方式　164

〔チ〕
地層　114
チャック・イーストマン　15
中間管理職　192
中心線形　118

〔ツ〕
鶴田ダム　60

〔テ〕
ディファレンシャル法　98
デカルト座標系　42
手戻り　57
点群データ　98
点検　153
電源開発株式会社　166

〔ト〕
土土量　121

特化　76
土木用COBie　153
ドロネー三角形　111

〔ニ〕
二多様体　67
担い手不足　29
ニューヨーク市建築局　171

〔ネ〕
ネイサン・クルーズ　122

〔ハ〕
パーソンズブリンカホフ　172
バーチャル・リアリティ　71
発注方式　32
発注方式の概略史　157
羽地ダム　60
パラメトリック・モデル　137
汎化　76

〔ヒ〕
非多様体　67
ビル・イースト　151
品確法　32, 161
品質管理技術　142

〔フ〕
不整合箇所　53
不整三角網　109
部分最適化　48
プログラム・マネジャ　192
プロダクトモデル　80
フロントローディング　20
分散　34

索　引

〔ヘ〕
米国CIM技術調査2013　169
米国陸軍工兵隊　151
平面線形　117

〔ホ〕
ボクセル　65
ホッホティーフ　188
ボロノイ図　111

〔マ〕
マーヴィン・リチャーズ　181
マーティン・フィッシャー　144
マシンガイダンス　140
マシンコントロール　141

〔ミ〕
見草トンネル　59

〔ユ〕
夕張シューパロダム　60

〔ラ〕
ライブラリ　137

〔リ〕
リアルタイム・キネマティック法　98
リーン・プロセス　180
立体のモデリング手法　63

〔ル〕
ルール大学ボーフム　186
ルネ・デカルト　42

〔レ〕
レーザスキャナ　98

レオンハルト・オイラー　67
レンダリング　70

〔ロ〕
労働生産性　31

〔ワ〕
ワイヤフレームモデル　63

MEMO

MEMO

MEMO

MEMO

MEMO

著者略歴

矢吹 信喜
1959年 東京都生まれ
1982年 東京大学工学部土木工学科卒業
同 年 電源開発株式会社入社
1988年 米国スタンフォード大学土木工学専攻修士課程入学
1989年 米国スタンフォード大学土木工学専攻修士課程修了（M.S.）
1992年 米国スタンフォード大学土木工学専攻博士課程修了（Ph.D.）
1999年 電源開発株式会社退社
同 年 室蘭工業大学工学部建設システム工学科助教授
2007年 室蘭工業大学工学部建設システム工学科准教授
2008年 大阪大学大学院工学研究科環境・エネルギー工学専攻教授
2020年 大阪大学大学院工学研究科環境エネルギー工学専攻教授
現在に至る
Ph.D.
専　　門：土木情報学，環境設計情報学
主な著書：「工業情報学の基礎」「はじめての環境デザイン学」理工図書（2011），「土木情報ガイドブック」建通新聞社（2005），「Collaborative Design in Virtual Environments」Springer（2011），など

CIM入門
―建設生産システムの変革―

2016年1月15日　初版第1刷発行
2022年8月30日　初版第3刷発行　　　著　者　矢吹　信喜

発行者　柴山斐呂子

発行所　──

〒102-0082　東京都千代田区一番町27-2
　　　　　　電話 03(3230)0221（代表）
理工図書株式会社　FAX 03(3262)8247
　　　　　　振替口座 00180-3-36087番
　　　　　　http://www.rikohtosho.co.jp

©矢吹信喜　2016年　Printed in Japan
ISBN978-4-8446-0842-4
印刷・製本　丸井工文社

＜日本複製権センター委託出版物＞
＊本書を無断で複写複製（コピー）することは，著作権法上の例外を除き，禁じられています．本書をコピーされる場合は，事前に日本複製権センター（電話：03-3401-2382）の許諾を受けてください．
＊本書のコピー，スキャン，デジタル化等の無断複製は著作権法上の例外を除き禁じられています．本書を代行業者等の第三者に依頼してスキャンやデジタル化することは，たとえ個人や家庭内の利用でも著作権法違反です．

自然科学書協会会員★工学書協会会員★土木・建築書協会会員